Roger Guérin

Contribution à l'hydrogéophysique

Roger Guérin

Contribution à l'hydrogéophysique

Géophysique appliquée à l'hydrologie

Presses Académiques Francophones

Impressum / Mentions légales
Bibliografische Information der Deutschen Nationalbibliothek: Die Deutsche Nationalbibliothek verzeichnet diese Publikation in der Deutschen Nationalbibliografie; detaillierte bibliografische Daten sind im Internet über http://dnb.d-nb.de abrufbar.

Information bibliographique publiée par la Deutsche Nationalbibliothek: La Deutsche Nationalbibliothek inscrit cette publication à la Deutsche Nationalbibliografie; des données bibliographiques détaillées sont disponibles sur internet à l'adresse http://dnb.d-nb.de.

Coverbild / Photo de couverture: www.ingimage.com

Verlag / Editeur:
Presses Académiques Francophones
ist ein Imprint der / est une marque déposée de
AV Akademikerverlag GmbH & Co. KG
Heinrich-Böcking-Str. 6-8, 66121 Saarbrücken, Deutschland / Allemagne
Email: info@presses-academiques.com

Herstellung: siehe letzte Seite /
Impression: voir la dernière page
ISBN: 978-3-8381-7269-9

Contribution à l'hydrogéophysique

Roger GUÉRIN

Université Pierre et Marie Curie-Paris 6

Synthèse de travaux de recherche présentée pour l'obtention de

L'Habilitation à Diriger des Recherches

par

Roger GUÉRIN

Le mardi 23 novembre 2004

Devant le jury composé de :

M. Michel CHOUTEAU, professeur à l'Ecole Polytechnique de Montréal, rapporteur

M. Philippe DAVY, directeur de recherche à Géosciences (Rennes), rapporteur

M. Guy MARQUIS, professeur à l'Université Louis Pasteur (Strasbourg 1), examinateur

M. Ghislain de MARSILY, professeur à l'Université Pierre et Marie Curie, rapporteur

M. Alain TABBAGH, professeur à l'Université Pierre et Marie Curie, examinateur

Mme Maria ZAMORA, professeur à l'Institut de Physique du Globe de Paris, examinateur et présidente du jury

« Pour soulever un poids si lourd,

Sisyphe, il faudrait ton courage !

Bien qu'on ait du cœur à l'ouvrage,

L'Art est long et le Temps est court. »

Le Guignon, Fleurs du Mal, C. Baudelaire

« S'il n'y a pas de solution, c'est qu'il n'y a pas de problème »

Les devises Shadok, J. Rouxel

SOMMAIRE

LISTE DES FIGURES

LISTE DES TABLES

I) Thèmes de recherche

I.A) Introduction

L'eau est « source de vie » et par conséquent elle est d'une importance déterminante dans l'activité des sociétés humaines. Le sous-sol est le lieu dans lequel l'eau douce est en majorité stockée sur les continents, où elle se déplace, et où sa qualité peut être modifiée en fonction de la vulnérabilité de l'environnement dans lequel elle circule.

Une meilleure connaissance de la ressource en eau souterraine demande que l'on soit capable d'évaluer avec suffisamment de détails et de précision la quantité d'eau présente dans le sous-sol, sa qualité et ses éventuels mouvements. Cet objectif ne peut être réalisé seulement à partir de forages. S'ils permettent en effet de réaliser des essais *in situ*, de prélever des carottes pour analyses ultérieures, de suivre le niveau de la nappe…, ils sont directement destructeurs du milieu à étudier (on viole alors le principe de « réfutabilité » : les informations non acquises ou mal saisies au moment du forage sont perdues à jamais), ils coûtent chers et ne peuvent être réalisés avec un pas d'échantillonnage spatial fin. Dans ces conditions, les méthodes de la géophysique appliquée qui ne modifient en rien le milieu (non invasives), où les mesures peuvent être bien échantillonnées pour un coût abordable, présentent un intérêt potentiel énorme, à condition que l'on soit capable de les exploiter en terme d'hydrogéologie, c'est-à-dire que l'on sache quelles informations peuvent apporter sur l'eau là où les propriétés mesurées par la méthode mise en œuvre.

Les travaux présentés ci-après s'inscrivent dans cette perspective. Ce mémoire a pour titre « contribution à l'hydrogéophysique » et correspond à l'ensemble des travaux effectués au cours des dix dernières années sur l'hydrogéophysique (le terme d'hydrogéophysique est issu de l'anglais et est une contraction de « géophysique appliquée à l'hydrologie »). Ce mémoire ne prétend pas être exhaustif sur le sujet ; c'est une contribution où je présente mes apports aux domaines couvrant une large gamme de techniques et d'applications.

1

I.B) Problématique

L'eau dans le proche sous-sol est donc un objet d'étude et un lieu de convergence pour des disciplines très variées : hydrologie, hydrogéologie, géochimie, géophysique… (bien représentées dans l'unité mixte de recherche, UMR, n°7619 Sisyphe, de l'Université Pierre et Marie Curie, au sein de laquelle je travaille). Parmi les disciplines, la géophysique peu profonde ou géophysique de sub-surface ou encore géophysique appliquée (les termes génériques anglais 'applied geophysics' ou 'exploration geophysics' sont désormais concurrencés par le terme de 'near surface geophysics') répond à deux préoccupations fondamentales : décrire les structures et suivre leur évolution dans le temps. L'emploi de la géophysique se fait au prix d'un inconvénient commun à toute méthode physique : on ne « voit » les structures que par l'intermédiaire des propriétés physiques. Mais ce défaut est compensé par des avantages majeurs et déterminants : on ne modifie pas le milieu (donc les risques de contamination inhérente à la réalisation de forage ou d'extraction d'échantillon disparaissent), les mesures sont rapides et faciles à répéter (les développements instrumentaux ont rendu de plus l'utilisation des appareillages simple et conviviale), et surtout l'on dispose d'une information bien échantillonnée (au sens du théorème de Nyquist-Shannon : « on ne perd pas d'information en reconstruisant un signal à partir de ses échantillons si la fréquence d'échantillonnage est au moins égale à deux fois la plus élevée des fréquences contenues dans le spectre du signal qu'on échantillonne ») acquise le plus souvent depuis la surface. Les autres disciplines apportent une information souvent détaillée à partir d'observations directes (prélèvement, forage, observation…) mais inévitablement ponctuelles. La géophysique permet d'étendre dans l'espace (de régionaliser) et d'interpoler les informations acquises à partir des données ponctuelles. Néanmoins la confrontation entre les informations apportées par la géophysique et celles apportées par les autres disciplines est indispensable pour évaluer les corrélations et les complémentarités et faire progresser nos capacités d'interprétation des résultats apportés par l'ensemble des outils géophysiques.

Différents problèmes hydrologiques vont trouver leur solution, ou au moins une aide, avec la géophysique : (i) la géométrie d'aquifère (position de son toit, son mur et de son exutoire) dans des dépôts sédimentaires et/ou alluviaux et dans des couches volcaniques stratifiées, (ii) la caractérisation d'aquifère fracturé (position des failles et/ou fissures, type de circulation), (iii) la connaissance du réservoir aquifère (porosité, contenu en argile, transmissivité, perméabilité du milieu poreux, qualité de l'eau) à l'image des développements en géophysique associés à la recherche des réservoirs pétroliers, (iv) le type d'eau (douce, salée, minéralisée, polluée...), (v) l'étude des flux d'eau, et (vi) le suivi et la prévision d'exploitation.

I.C) Axes de recherche

Les différents thèmes de recherche se déduisent des considérations générales présentées ci-dessus :

- étudier les relations entre les propriétés physiques des sols et l'ensemble des paramètres d'état caractéristiques de l'eau ou de l'absence d'eau dans le sous-sol,
- rechercher et améliorer les méthodologies pour mesurer ces propriétés physiques et développer les techniques de traitement des données et d'interprétation,
- appliquer ces méthodes, en association étroite avec les spécialistes des autres disciplines, à des études de cas.

Comme pour toute recherche appliquée, le résultat attendu de cette activité est double : une meilleure connaissance de la structure et de l'évolution du proche sous-sol, ainsi que la définition de nouvelles méthodes d'étude qui puissent être mises à disposition des chercheurs et des acteurs industriels dans le domaine de l'eau.

Nous pouvons donc décrire notre démarche comme une spirale entre plusieurs pôles :

- pour répondre à une thématique, nous proposons une méthode nouvelle,
- nous devons donc définir cette méthode et les conditions de sa mise en œuvre, créer les appareils de mesure, les tester,
- le nouvel outil ainsi établi est utilisé dans des études de cas,
- mais cette utilisation montre des limites et ouvre des perspectives nouvelles ce qui conduit à recommencer le cycle.

Les applications thématiques revêtent ainsi une importance particulière dans ce cycle puisqu'elles permettent de faire évoluer les méthodologies, voire d'en développer de nouvelles.

I.D) Méthodes géophysiques employées

La tranche de profondeur prise en considération va de la surface jusqu'à une centaine de mètres. Parmi les méthodes utilisables, les méthodes électriques, électromagnétiques fréquentielle et temporelle, basse et haute fréquences, et enfin sismiques occupent une place de choix.

La présence d'eau modifie la majeure partie des propriétés d'un sol et/ou d'une roche (cf. *infra* II). Les vitesses de propagation sismique sont ainsi un bon indicateur de la porosité et des propriétés morphologiques du milieu. Les propriétés électriques du sous-sol sont aussi sensibles à la présence d'eau. Par exemple, une augmentation d'eau dans un milieu a tendance à diminuer sa résistivité électrique. C'est ainsi qu'une cartographie de résistivité dans un milieu poreux permet de détecter des zones aquifères. Ces écarts de résistivité observés entre divers points de l'espace à un instant peuvent être constatés aussi à des instants différents en un point si la teneur en eau varie dans le temps. Il s'agit alors d'un suivi de résistivité. Ces deux opérations : cartographie et suivi, peuvent d'ailleurs être combinées et sont valables pour toutes les propriétés.

Mes travaux de recherche ont toujours porté sur la spatialisation de données géophysiques appliquées pour des thématiques touchant l'environnement (Guérin,

1992). Depuis mon embauche en tant que maître de conférences, je travaille au sein de l'UMR n°7619 Sisyphe sur des applications en hydrologie et hydrogéologie. Les méthodes géophysiques employées sont les méthodes électriques (sondage, traîné et panneau) et électromagnétiques (EM) basse fréquence (VLF-résistivité, slingram, TDEM) qui « mesurent » la résistivité électrique, s'y ajoutent le radar, la résonance magnétique des protons (RMP) et la prospection thermique.

Mon activité s'est centrée autour de deux axes : méthodologiques (développements d'appareillage, de codes de calcul de modélisation/inversion et de traitement) et thématiques/études de cas (Tableau 1). Comme il a été dit, ces deux axes ne vont pas l'un sans l'autre. Les études de cas permettent de valider les méthodologies et de poser des problèmes nouveaux. Sans volonté d'innovation en matière méthodologique, les études de cas limiteraient le travail en hydrogéophysique à une activité de bureau d'étude. Le développement méthodologique a pour finalité de susciter de nouvelles applications. Sans confrontation continuelle à des cas réels, la méthodologie s'écarte rapidement des problèmes concrets (en opposition avec la définition même de la géophysique appliquée) et se stérilise.

Sujet d'étude	Axes thématiques	Axes méthodologiques	Programme / Financement
Contamination	Mortagne-du-Nord (métaux lourds)	Diagraphie électrostatique	PNRH 99/00 ADEME 01 à 03
	Déchets ménagers (thèse de Solenne GRELLIER)	Résistivimètre rapide	CIFRE 02 à 05 (Veolia Environnement) et RITEAU
		Panneau électrostatique	ADEME 04 et 05
Karst	« mur » de Garchy	Traitement EM VLF-	Ma thèse

	Corvol d'Embernard	résistivité	PNRH 03 et 04
	Lamalou (thèse de Walid AL-FARES)	Radar RMP	
Zone non saturée	Zone humide	Thermique (thèse de Bruno CHEVIRON) EM slingram	PNRZH 97 à 99 PNRH 01 PIREN
Changement climatique	Altiplano bolivien Glacier		PNRH 98
EM VLF-résistivité	« mur » de Garchy Corvol d'Embernard Gué Goujard	Appareil Traitement : verticalisation, invariant	Ma thèse
Inversion 1D approchée	Zone humide	Electrique EM slingram EM VLF-résistivité	
TDEM	Altiplano bolivien	Modélisation/inversion (thèse de Marc DESCLOITRES)	PNRH 98
	Glissement/coulée de Super Sauze (thèse de Myriam SCHMUTZ)	Inversion jointe sondage électrique/sondage TDEM	PNRN 97 à 99
Mesures électriques	Déchets ménagers (thèse de Solenne GRELLIER)	Résistivimètre rapide	CIFRE 02 à 05 (Veolia Environnement) et RITEAU

	Analyse d'anisotropie (thèse d'Anatja SAMOUËLIAN)	Configuration 3D	
		Modélisation/inversion 3D	
Electrostatique	Site pollué	Diagraphie	PNRH 99 et 00, ADEME 01 à 03
	Site pollué Zone urbaine	Panneau	ADEME 04 et 05
Calcul de l'infiltration à partir de profils verticaux de température	Zone humide	Thermique (thèse de Bruno CHEVIRON)	PNRZH 97 à 99 PNRH 01 PIREN Seine

Tableau 1 : Mes activités de recherche

I.E) Hydrogéophysique dans la communauté scientifique

Le thème de l'hydrogéophysique fait l'objet de plus en plus de synthèses (Hubbard et Rubin 2002), d'ouvrages, et de sessions spéciales à différentes conférences internationales telles que : l'assemblée de l''International Association of Hydrological Sciences (IAHS)', l'assemblée de l''American Geophysical Union (AGU)', l'assemblée de l''European Geosciences Union (EGU)', la conférence 'near surface' de l''European Association of Geoscientists and Engineers (EAGE)', et le

Symposium 'on the Application of Geophysics to Engineering and Environmental Problems (SAGEEP)', ce qui montre l'intérêt croissant de ce domaine.

I.F) Plan de ce mémoire

L'organisation de ce mémoire est le suivant. D'abord, j'aborde les paramètres hydrogéophysiques utiles pour l'hydrologue et que le géophysicien peut déterminer (II). Puis, différentes études de cas sont abordées couvrant une large gamme de thématiques allant des problèmes de friche industrielle et de stockage de déchets ménagers (III.A), au karst (III.B), à une zone humide (III.C), à un aquifère profond (III.D), et enfin à la prospection sur glacier (III.E). Ensuite, je présente mes travaux méthodologiques (instrumentation, traitement de données et code de calcul de modélisation/inversion) avec des développements en VLF-résistivité incluant de l'instrumentation et du traitement de données (IV.A), de l'inversion 1D approchée de données de résistivité apparente (IV.B), de l'interprétation de données TDEM (IV.C), des développements en méthodes électriques à courant continu concernant l'acquisition et un code de calcul d'inversion (IV.D), des développements instrumentaux en électrostatique (IV.E), et une méthode de calcul de l'infiltration à partir de données de température (IV.F). Enfin, je présente mes perspectives de recherche à court et moyen terme (V).

II) Paramètres hydrogéophysiques

Les paramètres géophysiques sont présentés dans de nombreux ouvrages et différents tableaux donnent leurs valeurs usuelles (Keller, 1988 ; Telford *et al.*, 1990 ; Guéguen et Palciauskas, 1997). Nous allons présenter les paramètres, et leurs caractéristiques, qui ont une dépendance et une influence sur l'eau dans le sous-sol.

II.A) Propriétés physiques des roches communément utilisées en prospection

La gamme de propriétés physiques utilisées en prospection est restreinte du fait d'un double ensemble de contraintes : (i) la mesure doit correspondre à un phénomène réversible, elle doit être rapide, exécutable avec un appareillage aussi léger que possible, (ii) la propriété doit montrer une variabilité suffisamment importante par rapport aux paramètres ou aux variables recherchées : porosité, teneur en eau, argilosité...

Quatre propriétés, ou familles de propriétés, se sont avérées utilisables en prospection quel que soit l'objectif poursuivi. Il s'agit de la densité, de la vitesse de propagation des ébranlements mécaniques, des propriétés électriques et des propriétés magnétiques. Dans les trois premières, l'eau peut jouer un rôle déterminant et il est établi qu'elles peuvent permettre non seulement une recherche « indirecte » des structures susceptibles de contenir de l'eau ou de contrôler son écoulement mais aussi une évaluation directe du contenu en eau.

La densité des particules solides étant, dans les formations superficielles, toujours proche de 2,67, on aura pour un milieu saturé :

$$d = 2,67 (1-n) + n$$

et, pour un milieu non saturé :

$$d = 2,67 (1-n) + \theta$$

où d est la densité, n la porosité et θ le teneur volumique en eau (on néglige le poids de la fraction gazeuse).

Pour la vitesse des ondes de compression, la loi de sommation des lenteurs, *i.e.* la loi de Wyllie (Wyllie *et al.*, 1956), colle bien aux données expérimentales pour les formations peu profondes. Pour un milieu saturé, elle s'écrit :

$$V_p = (\frac{1-n}{V_s} + \frac{n}{V_w})^{-1}$$

et, pour un milieu non saturé :

$$V_p = (\frac{1-n}{V_s} + \frac{\theta}{V_w} + \frac{n-\theta}{V_g})^{-1}$$

dans ces expressions V_s est la vitesse dans le squelette solide, proche de 6000 m s^{-1} pour les sables, elle est un peu supérieure pour les calcaires, V_w=1500 m s^{-1} la vitesse dans l'eau et V_g=330 m s^{-1} la vitesse dans l'air. Ces formules montrent l'importance du contenu en gaz, le toit de la nappe constituant en général le contraste de vitesse le plus marqué du domaine peu profond.

Le cas de la résistivité électrique est plus complexe. En présence d'argile, on a sommation de la conductivité « volumique », σ_v, correspondant au déplacement des ions dissous dans l'eau interstitielle et de la conductivité « surfacique », σ_s correspondant aux cations mobiles de la double couche. Pour les sols, la relation entre σ_v et θ est croissante mais mal connue dans le cas général (mais y a-t-il un cas général ?). Pour les roches poreuses sans argile, la relation proposée par Archie (Archie, 1942) :

$$\sigma_v = \sigma_w \theta^2$$

où σ_w est la conductivité de l'eau directement proportionnelle à la quantité de sels dissous, est satisfaisante. La tortuosité intervient ici par le fait que θ est portée au carré. Pour de faibles teneurs en argile, le modèle de Waxman et Smits (1968), où la conductivité de la formation est la somme des conductivités surfacique et volumique, est habituellement adopté. La résistivité dépend aussi de la température : dans les sols, la résistivité décroît de 2% lors d'une augmentation en température de 1°C (Campbell *et al.*, 1948). Ces différentes lois établies expérimentalement ont permis d'établir des tables des valeurs usuelles pour différents matériaux (McNeill, 1980a).

Nous avons pu par ailleurs vérifier (Tabbagh *et al.*, 2002) ces lois empiriques par modélisation (Figure 1) à l'aide de la méthode des moments (cf. *infra* IV.C).

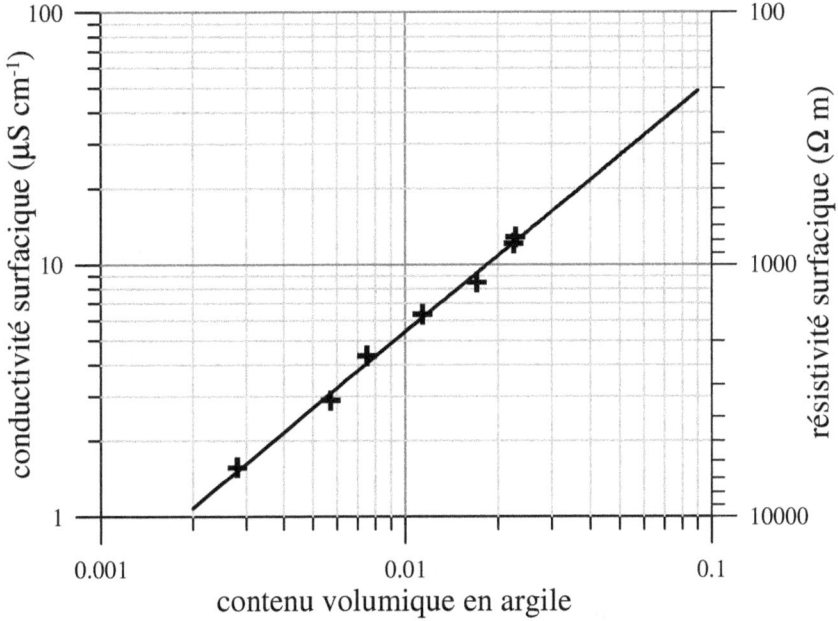

Figure 1 : Relation entre la conductivité surfacique et le contenu volumique en fines particules d'argile, pour une distribution aléatoire d'argile à l'intérieur d'un volume d'eau, calculée par la méthode des moments et qui vérifie la loi de Waxman et Smits (1968)

Pour de fortes teneurs en argile, la conductivité électrique est toujours importante et, sauf en présence d'eaux fortement minéralisées, la contribution de l'argile prédomine sur la contribution de l'eau. Aux faibles profondeurs, dans les environnements continentaux, un milieu conducteur est généralement interprété comme un milieu argileux. Les mesures en laboratoire et la modélisation pour ce type de matériaux, montrent que la relation entre la conductivité électrique de la formation et le contenu en eau est pratiquement linéaire.

II.B) Propriétés spécifiques de la molécule d'eau

11

A coté des propriétés précédentes, une attention particulière doit être portée aux propriétés par lesquelles la molécule d'eau peut se différencier très clairement des autres constituants des roches. Elles peuvent être utilisées à différentes échelles et avoir donné lieu à des mesures en diagraphie ou sur échantillon en laboratoire.

La molécule d'eau contient des atomes d'hydrogène absents des autres constituants minéraux. Le noyau de ces atomes peut être caractérisé par sa section efficace d'interaction avec les neutrons et par la mise en résonance de son moment magnétique. La mesure par sonde à neutrons ('neutron probe') a pour principaux défauts qu'elle ne permet pas de maîtriser le volume de terrain pris en compte dans la mesure et qu'elle est lente, il vient s'y ajouter les difficultés liées à l'utilisation de sources de neutrons. Les mesures par la résonance magnétique des protons, RMP (ou résonance magnétique nucléaire RMN), utilisées en diagraphie depuis le début des années 70, sont en plein développement sur une large gamme d'échelles géométriques y compris pour des dispositifs de prospection capables de reconnaître les deux cents premiers mètres.

La molécule d'eau est aussi une molécule polaire dont la permittivité diélectrique relative à l'état liquide est beaucoup plus élevée que celle des autres constituants. Aux fréquences inférieures à la fréquence de relaxation de Debye, en pratique pour la géophysique en dessous du giga-hertz, cette permittivité vaut 81 alors qu'elle reste inférieure à 10 pour tous les autres minéraux, et augmente avec le contenu en eau libre (Topp *et al.*, 1980). Cette relation empirique d'augmentation de la permittivité diélectrique avec le contenu en eau a été vérifiée par modélisation (Tabbagh *et al.*, 2000). Elle gouverne les mesures faites avec les radars, plusieurs types de sondes « capacitives », ou 'Time Domain Reflectometry' (TDR), ont été développées et sont utilisées, mais de plus larges possibilités d'applications existent. Huisman *et al.* (2003) présentent une revue des techniques radar disponibles pour mesurer le contenu en eau d'un sol.

Une autre « originalité » de l'eau est sa capacité calorifique, elle est de 4,18 MJ K^{-1} m^{-3} alors que pour tous les autres minéraux, elle reste très proche de 2 MJ K^{-1} m^{-3}.

Ceci conduit, pour la capacité volumique C d'une roche ou d'un sol à la relation :

C (*en MJ K^{-1} m^{-3}*) = $(1-n)$ 2 + θ 4,18

Cette propriété est surtout utilisée dans les mesures sur échantillon, mais elle influence l'inertie thermique de la surface et joue un rôle, le cas échéant, dans l'interprétation des prospections thermiques.

En revanche, il n'y a pas de relation simple entre la conductivité thermique k d'un sol, et la teneur en eau θ, car la porosité n et la conductivité thermique k_s de la matrice solide (très dépendante de la minéralogie du sol) ont une forte influence sur k. Une modélisation numérique par la méthode des moments (cf. *infra* IV.D.3) nous a permis d'exprimer une formule linéaire reliant k à θ (Cosenza *et al.*, 2003) :

$$k = (0.8908 - 1.0959n)\,k_s + (1.2236 - 0.3485n)\theta$$

qui coïncide bien expérimentalement (pour des valeurs usuelles de n, de k_s et de θ) avec la formule quadratique parallèle : $k = \left(\sum_{i=1}^{N} x_i \sqrt{k_i} \right)^2$ (valable pour la permittivité diélectrique dans la loi de Wyllie, et pour la conductivité électrique dans la loi d'Archie si les conductivités électriques de la fraction solide et de l'air sont nulles) où k_i est la conductivité thermique de la composante du $i^{\text{ème}}$ constituant du sol, x_i sa teneur volumique et N le nombre de constituants.

II.C) Mesures spécifiquement adaptées au suivi des mouvements de l'eau dans le sol

On dispose, avec les propriétés présentées précédemment, d'une large palette permettant de réaliser des mesures de l'échelle d'un continent, pour la densité, par la modification locale de l'attraction terrestre et la flexure de la croûte observable sur les orbites de satellites (Wahr *et al.*, 1998), à celle de l'échantillon de laboratoire, pour pratiquement toutes les propriétés. Aucune, cependant n'est directement sensible aux mouvements de l'eau. En milieu non saturé on peut toutefois répéter les mesures avec un pas de temps qui, s'il n'est pas toujours court, peut être suffisant pour observer des variations de contenu en eau, mais on n'a pas directement accès à une mesure de la vitesse (ou du débit). Benderitter et Schott (1999) ont ainsi montré la relation entre des mesures électriques et des cycles d'infiltration/drainage.

Deux paramètres physiques se sont avérés directement sensibles à la vitesse même si leur mesure peut nécessiter l'implantation de sondes là où l'eau s'écoule ; il s'agit de la polarisation électrique spontanée ('self potential') et de la température.

- L'une des causes d'apparition d'un potentiel spontané dans le sol ou à sa surface est, en effet, le phénomène d'électrofiltration ('streaming potential'/'electrocinetic potential') où un potentiel positif apparaît à l'aval de l'écoulement : en laboratoire, sur échantillon le gradient du potentiel est proportionnel au gradient de pression hydraulique donc au débit.

- Tout déplacement de l'eau non parallèle aux isothermes implique un transfert de chaleur par convexion qui, s'il reste inférieur en général au transfert par conduction, est suffisant pour modifier la répartition de la température.

II.D) Activités récentes de recherche en hydrogéophysique

La communauté scientifique de géophysique travaille sur la caractérisation des différents paramètres quantitatifs, mais recherche aussi des relations physiques entre les paramètres géophysiques et d'autres paramètres physiques qui intéressent directement l'hydrologie : l'humidité et la conductivité hydraulique (Purvance et Andricevic, 2000). Hubbard et Rubin (2000) présentent une revue de méthodes géophysiques pour estimer les paramètres hydrogéologiques : la perméabilité à partir d'une combinaison bayésienne de données géophysiques et hydrogéologiques, la saturation et la perméabilité à partir de données radar, et la spatialisation des paramètres hydrauliques. Al Hagrey *et al.* (2004) corrèlent l'évolution de l'absorption de l'eau par des arbres dans le sol au pied des arbres et dans le tronc lui-même, avec des mesures électriques 2D et 3D. Berthold *et al.* (2004) transforment leurs tomographies électriques acquises dans des dépressions humides, en salinité des eaux.

III.A) Contamination

Les méthodes géophysiques appliquées à l'étude des sites pollués fournissent des renseignements sur l'extension de la pollution et sur la constitution du sous-sol peu profond (dans une gamme allant de 0 à 20 m de profondeur) qui intègrent la nature des matériaux, leur porosité, leur hydrologie (zone vadose ou nappe). Les travaux dans ce domaine se sont beaucoup développés depuis une dizaine d'années et nous pouvons citer des exemples publiés variés.

Bernstone et Dahlin (1997) utilisent du panneau électrique 2D et des mesures électromagnétiques slingram sur des friches, pour positionner un biseau salé, de la boue industrielle polluée et des objets métalliques enfouis. Ogilvy *et al.* (1999) montrent avec de la tomographie électrique 3D sur un site de déchets que les matériaux pollués et le grès environnant ont la même résistivité mais que l'on peut les distinguer par leur géométrie 3D. Chambers *et al.* (1999) utilisent la tomographie électrique 3D pour obtenir la géométrie de gouffres remplis par des déchets, et la nature de ces déchets. Hördt *et al.* (2000) combinent plusieurs méthodes électromagnétiques (électromagnétisme transitoire : TDEM, et radiomagnétotellurique) pour prospecter une grande gamme de profondeur et pour déterminer la pollution du milieu profond. Sauck (2000) détecte un panache de produit LNAPL ('light non-aqueous phase liquid') par radar et mesures électriques verticales. Buselli et Lu (2001) ont employé des méthodes TDEM et électriques (courant continu, polarisation spontanée et induite) sur un site minier pour détecter les infiltrations. Karlýk et Ali Kaya (2001) cartographient l'étendue de la pollution de nappe sur un site de stockage de déchets en utilisant de l'électromagnétisme VLF et du courant continu qui corroborent des données hydrogéologiques présentant des anomalies de concentration chimique. Frohlich et Urish (2002) montrent l'apport respectif entre mesure géophysique de surface (ici des sondages électriques) et reconnaissance dans des puits, pour l'étude de la qualité d'un aquifère vulnérable en raison de sa proximité avec un site industriel et avec la mer. Chambers *et al.* (2002) démontrent l'influence de l'orientation des dispositifs électriques pour étudier des structures anisotropes tels que des objets enfouis. Vickery et Hobbs (2003) étudient un ancien site industriel par tomographie électrique 2D pour positionner les drains de transfert des polluants vers un estuaire. Werkema *et al.* (2003) montrent que les méthodes électriques sont appropriées à la détection de pollution par hydrocarbures : un site pollué par LNAPL présente des anomalies conductrices dues à la biodégradation alors que des hydrocarbures « jeunes » se caractérisent par des anomalies résistantes. Porsani *et al.* (2004) utilisent des profils radar pour localiser le toit d'un panache de pollution et des sondages électriques pour connaître la succession verticale au-dessus et en dehors de la zone polluée.

Les mesures géophysiques sont courantes sur des décharges sans géomembrane, étanche hydrauliquement et électriquement, en couverture. Carpenter *et al.* (1990), Carpenter *et al.* (1991) et Cardarelli et Bernabini (1997) identifient par sondage électrique (les trois articles) et sismique réfraction (les deux derniers), les caractéristiques de décharge : les zones de fractures et d'érosion dans la couverture de surface, et l'extension de la pollution. Bernstone *et al.* (2000) montrent la capacité des mesures électriques à décrire l'humidité dans une décharge sans pour autant identifier le type de déchets. Naudet *et al.* (2003) corrèlent des anomalies de polarisation spontanée et de potentiel redox sur une décharge. Bentley et Gharibi (2004) analysent l'apport des prospections électriques 3D pour l'étude de sites de remédiation.

Pour ma part j'ai travaillé sur ce thème pour la reconnaissance de la friche de Mortagne-du-Nord (cf. *infra* III.A.1) dans le cadre d'une convention avec l'ADEME que j'ai coordonnée (Guérin *et al.*, 2002 ; Guérin *et al.*, 2004a), et pour le monitoring d'un massif de déchets ménagers (cf. *infra* III.A.2) dans le cadre d'une convention CIFRE pour la thèse de Solenne GRELLIER que je co-encadre (Guérin *et al.*, 2004b).

III.A.1) Reconnaissance de la friche industrielle de Mortagne-du-Nord

Présentation du site et de la problématique

Le site de Mortagne-du-Nord (59, France), couvre une surface d'environ 25 ha. Entre 1901 et 1968, des usines de métallurgie du zinc et du plomb, ainsi que de fabrication d'acide sulfurique ont occupé le site. Ce site est situé entre deux drains, le canal de la Scarpe au nord-est et le Décours au sud-ouest.

Les usines avaient été construites sur une ancienne zone marécageuse. Elles ont été rasées et le site est maintenant recouvert par des remblais sableux et des remblais industriels (scories, creusets de fonderie, dalles de béton, anciennes fondations...) sur une épaisseur d'environ 2 m, bordés de chaque côté par une digue argileuse. Le niveau piézométrique est situé à l'intérieur des remblais, au-dessus de la couche argileuse qui correspond aux dépôts de l'ancien marais et qui constitue une limite *a priori* imperméable. Ces alluvions argileuses reposent sur un substratum constitué par les sables d'Ostricourt. L'aquifère s'écoule dans les deux rivières par débordement des digues quand le niveau piézométrique est haut, et par infiltration quand le niveau est bas.

Une étude géologique et géochimique a été réalisée par l'Ecole des Mines de Paris durant cinq ans à la fin des années 90, afin de connaître l'impact environnemental de ces déchets industriels (Schmitt *et al.*, 2002 ; Thiry *et al.*, 2002), à l'aide d'un maillage carré de piézomètres de 50 m de côté, pour extraire des matériaux et des échantillons d'eau. L'analyse de l'eau montre des eaux très acides, le pH atteint 2,1 (Figure 2), et un aquifère très minéralisé, dont la concentration en zinc atteint 1520 mg L^{-1}. Pour pouvoir prendre des mesures de protection sur le site, il est nécessaire de disposer d'une résolution spatiale plus fine que 50 m qui permette de délimiter précisément les contours des zones polluées et d'identifier les zones de circulations préférentielles. Aussi est-ce dans la zone de fortes anomalies géochimiques (qui correspond à la position de l'usine de fabrication d'acide sulfurique) que nous avons effectué la prospection géophysique (Figure 2). La position des anomalies géochimiques est liée à la présence d'une écluse à l'époque de production du site, qui a séparé le site en deux parties : une au nord-ouest avec des matériaux oxydés (qui correspondent à la zone avec le bas niveau d'eau), et l'autre au sud-est avec un sol saturé (haut niveau d'eau).

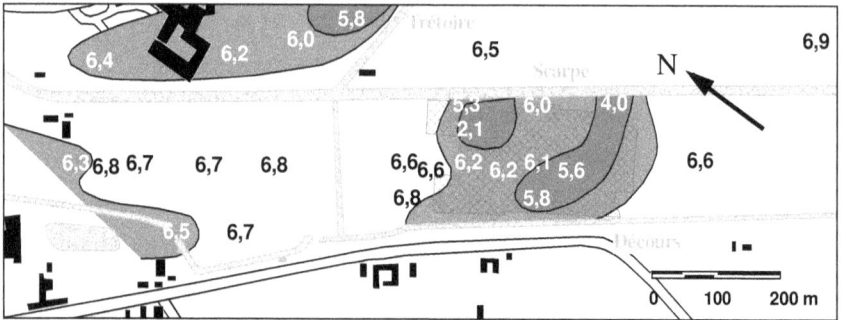

Figure 2 : Carte du pH (mesuré dans les eaux superficielles) avec la position de la prospection géophysique (zone quadrillée) sur le site de Mortagne-du-Nord. Les zones à eaux acides se superposent aux fosses où prédominent les remblais à sulfures

Pour délimiter les contours des zones polluées et pour identifier les zones de circulation préférentielle avec une haute résolution spatiale, l'utilisation de fosses et de forages est limitée par les mesures de protection de site. Des mesures indirectes par prospection géophysique constituent la réponse à ce type de questions. Le but du projet financé par l'ADEME était ainsi de définir des protocoles de mesure qui pourront être utilisés sur les friches industrielles afin d'en décrire précisément les caractéristiques, la géométrie du sol et les flux d'eaux. La résistivité électrique est la propriété physique appropriée, en raison de ses liens avec le contenu en eau, en ions et en argile. Les méthodes géophysiques pertinentes dans ce contexte, comme la méthode électromagnétique slingram (McNeill, 1980b ; Frischknecht *et al.*, 1991) et le panneau électrique (Dahlin, 2001), mesurent une résistivité électrique apparente (ou son inverse la conductivité) qui correspond à la résistivité équivalente d'un volume de sol. Les objectifs de cette étude ont été de cartographier la distribution des matériaux pollués, de positionner le niveau de la nappe (et ses variations saisonnières), d'évaluer la minéralisation des eaux (et ses variations spatiales), d'identifier les fuites vers les drains fluviaux, et d'en déduire la variabilité spatiale des données géochimiques.

Acquisition et interprétation des données géophysiques

La carte de conductivité électrique apparente slingram, obtenue avec l'appareil EM31 (Geonics Ltd.), couvre une surface d'environ 300 m par 150 m suivant un maillage d'environ 5 m par 5 m (Figure 3). Elle permet d'obtenir, dans la configuration de l'étude où le plan des bobines était horizontal (configuration HCP ou mode DMV, correspondant aux axes verticaux des dipôles magnétiques), une information intégrant les valeurs de conductivité du sol sur environ les six premiers mètres de profondeur (1,5 x écartement inter-bobines = 1,5 x 3,66 ≈ 5,5 m) avec une réponse majeure pour les terrains situés à environ 1,8 m de profondeur (0,5 x écartement inter-bobines = 0,5 x 3,66 ≈ 1,8 m).

Nous observons : (i) les variations en profondeur du toit de l'aquifère minéralisé, (ii) les alluvions argileuses (associées aux anomalies conductrices), et (iii) les sorties d'eau vers les drains fluviaux. Deux grandes zones apparaissent sur cette carte.

La première relativement conductrice (en bleu/vert) correspond à une zone baignée par de l'eau fortement minéralisée reconnue par les études géochimiques (conductivité de l'ordre de 3000 μS cm^{-1}=300 mS m^{-1} ≅ 3,33 Ω m), et aux alluvions argileuses proches de la surface. La seconde relativement résistante (en rouge/marron) correspond soit à une couche non ou moins minéralisée, soit à des alluvions plus profondes. La répartition spatiale des piézomètres bien adaptée au suivi du niveau et de la qualité de l'eau de la nappe, est insuffisante pour caractériser la structure du sous-sol (ainsi il n'y a pas de piézomètres centrés sur les anomalies détectées par la géophysique).

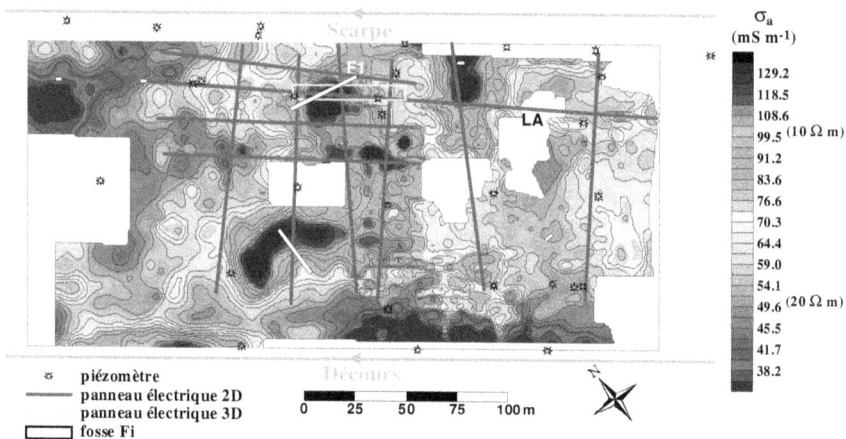

Figure 3 : Carte de conductivité électrique apparente slingram sur le site de Mortagne-du-Nord. Les zones non cartographiées sont des zones non accessibles. Le maillage des piézomètres est superposé

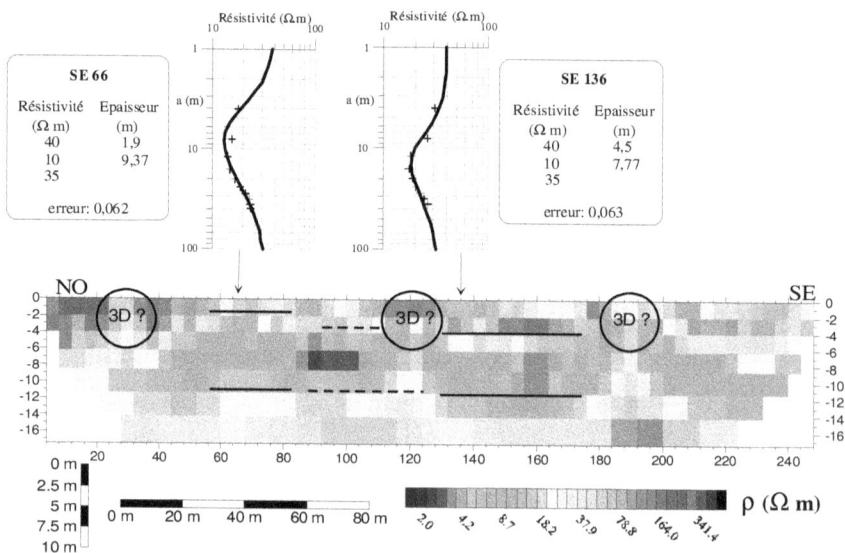

Figure 4 : Coupe LA de résistivité électrique interprétée (positionnée sur la Figure 3) et sondages électriques extraits aux coordonnées 66 m (SE66) et 136 m (SE136) sur le site de Mortagne-du-Nord. Cette coupe montre les blocs utilisés lors de l'inversion

Une série de pseudo-sections électriques 2D a été acquise suivant deux directions quasi-orthogonales ce qui permet de créer une grille irrégulière avec un maillage approximatif de 25-50 m. Leur interprétation permet d'identifier trois principales couches qui correspondent à différentes formations géologiques et quelques structures superficielles 3D (Figure 4).

Ces couches sont les suivantes : (i) un recouvrement superficiel résistant (en orange/rouge sur la figure), son épaisseur varie entre 0,5 et 2-4 m, (ii) puis une couche conductrice (en vert/bleu sur la figure) allant de 2-4 à 12 m de profondeur, et enfin (iii) un substratum de résistivité moyenne (en jaune sur la figure). Il y a d'importantes variations latérales d'épaisseur de ces trois couches, et des anomalies superficielles (les zones conductrices correspondent à des zones d'infiltration préférentielle, et les résistantes aux anciennes fondations des usines). Une vue en perspective (Figure 5) permet de voir l'isotropie générale et l'anisotropie de quelques structures : l'interprétation 2D des panneaux électriques n'est pas toujours valable, comme le montre certaines intersections entre panneaux quasi-perpendiculaires.

Il a été difficile d'estimer précisément la profondeur des différentes interfaces en raison des limites des modèles utilisés lors de l'inversion. La première couche correspond aux remblais sableux pollués, aux déchets industriels hétérogènes et aux dépôts argileux alluviaux, situés entre la surface et de 2 à 4 m de profondeur. La seconde couche correspond aux restes des dépôts argileux alluviaux sur une épaisseur de 8-10 m. La dernière couche correspond aux sables d'Ostricourt. Par ailleurs, les résistivités obtenues sont généralement plus basses qu'attendues : la résistivité des dépôts argileux alluviaux est 10 Ω m et la résistivité des sables est 50 Ω m. Ces basses valeurs sont dues à la présence d'eaux minéralisées dans l'ensemble des formations géologiques. Cette information a été vérifiée dans un puits situé à l'extérieur du site et qui a atteint ces horizons profonds (Thiry *et al.*, 2002).

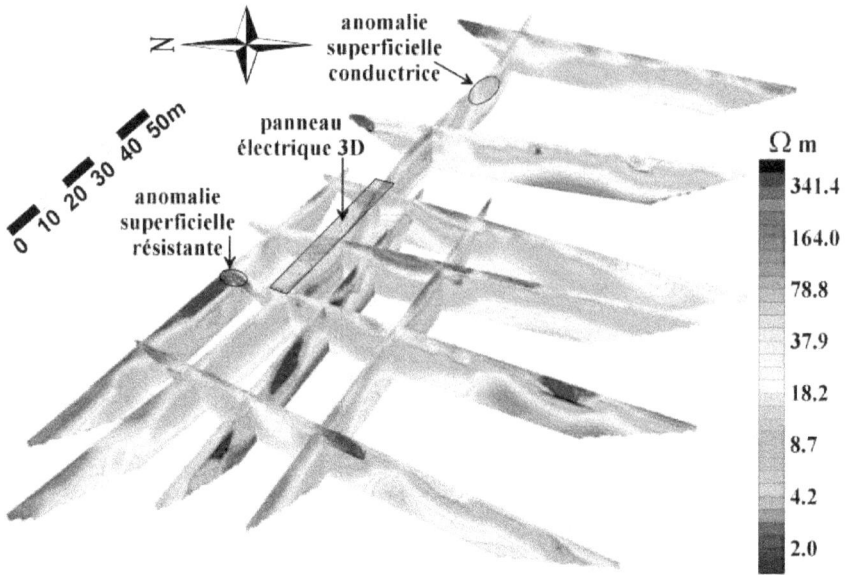

Figure 5 : Vue 3D des coupes verticales de résistivité électrique interprétée sur le site de Mortagne-du-Nord. Ces coupes sont présentées avec des isovaleurs à partir de valeurs de résistivité obtenue après inversion

Une prospection électrique avec un dispositif 3D et un pas d'échantillonnage fin (distance inter-électrode de 1 m), permet de décrire les zones d'infiltration autour des anomalies conductrices superficielles détectées par les deux prospections 2D : cartographie électromagnétique slingram et panneau électrique 2D. La superposition d'un extrait de la carte de conductivité électrique apparente slingram (Figure 6a), et d'une vue 3D obtenue à partir du panneau électrique 3D (Figure 6b) montre la bonne corrélation qui existe entre les changements de résistivité et l'interface entre les déchets et la couche d'argile sous-jacente.

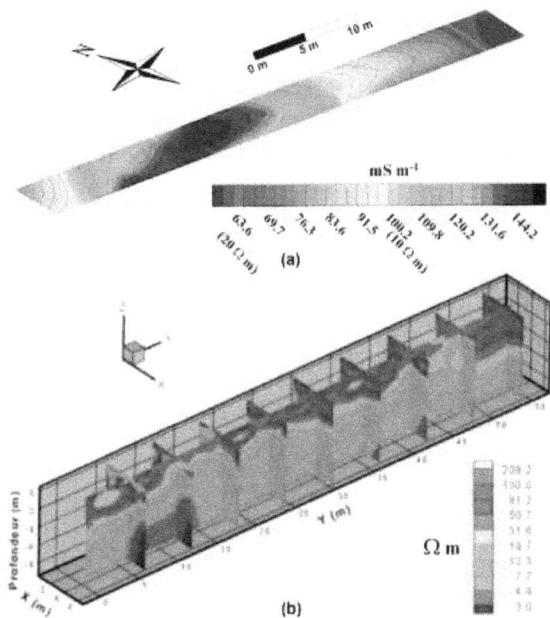

Figure 6 : (a) Carte de conductivité électrique apparente slingram associée à la (b) vue 3D de l'interprétation du panneau électrique 3D (positionné sur la Figure 3) sur le site de Mortagne-du-Nord.

Discussion - Validation

L'incertitude sur la localisation des interfaces entre les déchets industriels et les dépôts argileux a été levée par un calage sur les données géotechniques qui précisent que la profondeur de la couche d'argile est quasi-constante (de l'ordre de 2,6 m).

Six fosses (Fi, i de 1 à 6) dont deux (F1 et F2) d'environ 40 m de long (Figure 7b) effectuées à proximité des anomalies géophysiques et géochimiques, montrent une bonne corrélation entre les analyses géophysiques et les hétérogénéités présentes comme les scories composées d'une part par des sulfures et des sulfates (matériaux dits « actifs ») et d'autre part par des carbonates et des oxydes (matériaux « non-actifs »). Les deux anomalies avec scories grossières situées aux deux extrémités de la fosse F1, coïncident parfaitement avec les faibles valeurs de conductivité électrique apparente (Figure 7a). Par conséquent, à l'aide de la géophysique, nous avons

25

identifié les déchets industriels constitués soit par des matériaux résistants électriquement (non-actifs, scorie marron), soit par des matériaux conducteurs (actifs, scorie noire) ; nous notons aussi la fine couche de jarosite (sulfate de fer) qui sépare ces deux dépôts de déchets.

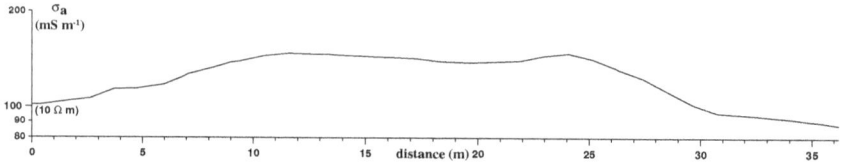

(a)

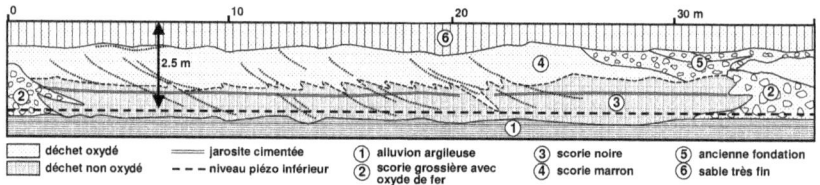

(b)

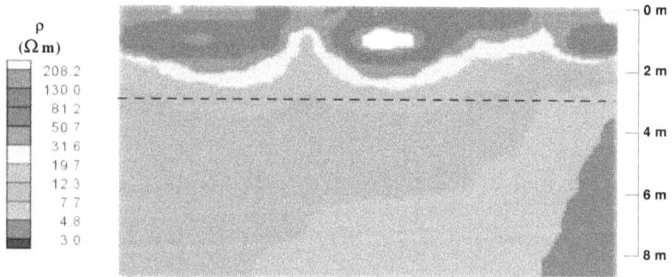

(c)

Figure 7 : (a) Profil de conductivité électrique apparente extrait de la carte électromagnétique slingram (*i.e.* Figure 3), (b) Schéma géologique de la fosse F1 (positionnée sur la Figure 3) sur le site de Mortagne-du-Nord, et (c) Coupe géoélectrique extraite du panneau électrique 3D

III.A.2) Monitoring de la recirculation de lixiviats dans un massif de déchets

Concept du bioréacteur

Depuis quelques années, un nouveau système de traitement des déchets est apparu : le bioréacteur. Ce concept consiste à accélérer la décomposition et donc la stabilisation des déchets grâce à un apport contrôlé d'humidité au sein du massif de déchets. Pour cela, on injecte dans le massif de déchet, le lixiviat collecté en fond de casier. Cette recirculation se fait par des puits verticaux ou des drains horizontaux. Les avantages des bioréacteurs sont multiples : une accélération de la dégradation des déchets, une diminution du temps de stabilisation des déchets et donc une réduction de la période de post-exploitation ainsi que des risques environnementaux à long terme (pollution des nappes phréatiques ou dégagement de gaz à effet de serre), enfin une production de biogaz accrue et accélérée, ce qui permet de mieux le valoriser.

Le défi technologique du bioréacteur consiste à trouver un moyen pour contrôler et quantifier la diffusion du lixiviat injecté afin d'obtenir une humidité optimale sur l'ensemble des déchets. Cette humidité optimale est de l'ordre de 40 à 70% (Reinhart et Townsend, 1998).

De nombreuses méthodes existent pour mesurer l'humidité. Mais peu d'entre elles sont vraiment adaptées au cas d'un bioréacteur. Les critères limitant sont :

- l'hétérogénéité des déchets qui impose un échantillonnage important (et donc un coût élevé) pour avoir une bonne représentativité des mesures d'humidité directes (par séchage à l'étuve du déchet, par exemple) ou indirectes (TDR, par exemple)
- l'existence d'une géomembrane (type membrane « Poly-Ethylène à Haute Densité », PEHD) qui assure l'étanchéité de la décharge à la fois sur le fond et au niveau de la couverture. Elle rend toute intrusion difficile et elle est contraignante puisque l'étanchéité doit toujours être préservée,

Les méthodes géophysiques mesurant la résistivité électrique du sous-sol permettent de quantifier de façon indirecte l'humidité du sous-sol. Ces mesures électriques sont facilitées par la forte conductivité du lixiviat (de l'ordre de 5000 µS cm^{-1}, soit une résistivité d'environ 2 Ω m), et ceci malgré une forte proportion de plastique dans les déchets. La technique du panneau électrique permet de s'affranchir du premier facteur limitant. Cependant, cette grandeur dépend non seulement de la teneur en eau, mais aussi de la température, de la teneur en argile, de la minéralisation du fluide et de la granulométrie. Des développements restent encore nécessaires avant de pouvoir quantifier précisément les variations d'humidité au sein d'un massif de déchets. La présence d'une géomembrane impose l'installation des électrodes sous celle-ci au moment de la mise en place de la couverture afin de s'affranchir du second facteur limitant.

Sites d'étude

Deux campagnes de panneaux électriques sur des décharges d'ordures ménagères destinées à devenir des bioréacteurs sont présentées. Dans les deux cas, l'injection a lieu par des puits verticaux. Dans le premier cas, les mesures sont réalisées sur la couverture provisoire, c'est-à-dire sur une couche de terre ou d'argile, la géomembrane n'étant pas encore mise en place ; tandis que dans le second cas, les déchets sont confinés et les électrodes sont placées sous la géomembrane. Ces décharges appartiennent au groupe ONYX (groupe Veolia Environnement).

La première décharge est située en Gironde. Elle répond aux critères d'étanchéité définis dans les réglementations. Des mesures de panneaux électriques en configuration pôle-pôle ont été réalisées avant puis pendant les tests de réinjection de lixiviats.

La deuxième se situe en Vendée. Il s'agit du premier bioréacteur en France à avoir obtenu tous les accords administratifs. Il contient 136 kilotonnes de déchets. Le début de la recirculation des lixiviats a commencé en juin 2003 avec un système d'injection par puits verticaux espacés d'environ 30 m les uns des autres. Une instrumentation importante y est déployée (Figure 8). Pour la partie géophysique, il y a au total deux cent huit électrodes réparties sur trois flûtes horizontales de quarante huit électrodes, une de trente deux électrodes, et quatre flûtes verticales de huit électrodes. Toutes les électrodes sont espacées de 1 m. Douze capteurs de température ainsi que des capteurs de pression sont aussi installés.

Pour le site de Gironde, les déchets se répartissent, en moyenne, de la façon suivante : 21 à 25% d'ordures ménagères (OM), 29% de déchets industriels banals (DIB : papier, carton, OM, plastiques…), 17% d'encombrants, 7,5% de refus de compostage (essentiellement des plastiques), 21,5 à 25,5% autres (boue de station, déchets verts, gravats…), ce qui pourrait représenter au maximum 36,5% de plastiques.

Pour le site de Vendée, les déchets se répartissent, en moyenne, de la façon suivante : 24% d'OM, 34% de DIB, 15% d'encombrants, 22% de refus de compostage, 5% autres, ce qui pourrait représenter au maximum 56% de plastiques.

Figure 8 : Installation des lignes électriques et des électrodes au-dessus du massif de déchets sur le site de Vendée

Prospection géophysique

La Figure 9 présente les variations de résistivité apparente entre un instant i (en heure depuis le début de la réinjection) et un état de référence avant la réinjection sur le site de Gironde. L'injection a lieu en profondeur entre 4 et 6 m. Le puits est situé au milieu du panneau. Les quatre premières pseudo-sections correspondent aux acquisitions faites lors de l'injection à débit croissant, la cinquième lors d'une injection sous 1 bar. La Figure 9 permet de suivre la diffusion du lixiviat dans le massif de déchet et d'estimer une zone d'influence du puits d'injection (R_{max}) comprise entre 3,5 et 5 m de rayon. Pendant l'injection sous pression, le panache de lixiviat disparaît, vraisemblablement à cause de l'apparition de chemins préférentiels qui permettent l'évacuation des lixiviats vers le fond du site.

Sur le deuxième site, les mesures de tomographie de résistivité électrique ont été acquises avec un dispositif pôle-dipôle durant une période froide (à la fin du mois d'octobre 2003). Une première mesure a été réalisée juste avant la réinjection (mesure de référence notée *ref*). Puis l'injection a été effectuée durant 117 minutes, trois mesures ont été acquises durant cette injection (20, 47 et 76 minutes après le début de l'injection). La dernière mesure a été effectuée 89 minutes après que l'injection ait été stoppée, *i.e.* 176 minutes après le début de l'injection. Chaque mesure (1400 quadripôles) a été obtenue en 6 minutes. Les anomalies liées aux hétérogénéités superficielles présentes dans les pseudo-sections de résistivité apparente ont été filtrées avec le filtrage par la médiane décrit par Ritz *et al.* (1999) et implémenté dans le logiciel X2IPI développé par Alexey BOBACHEV et Henri ROBAIN de l'UR Geovast de l'IRD. La section de référence (en blanc et noir) montre un milieu conducteur avec quelques anomalies de résistivité liées à des hétérogénéités dans le déchet (haut de la Figure 10). Toutes les autres images de la Figure 10 en couleur présentent les variations de résistivité interprétée entre un instant *i* (temps en minute depuis le début de la réinjection) et un état de référence avant la réinjection, *i.e.* les différences relatives entre les résistivités interprétées pendant la réinjection, ρ_i, et la résistivité interprétée de référence avant l'injection, ρ_{ref}.

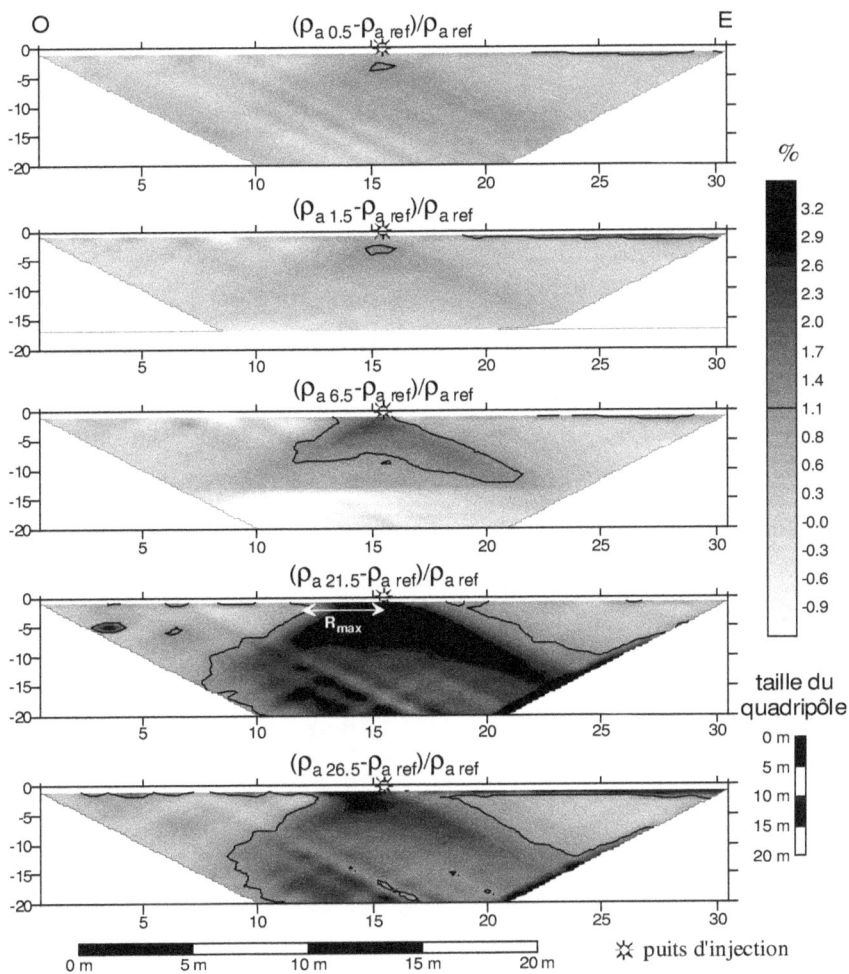

Figure 9 : Variation (en %) de la résistivité apparente durant la réinjection ($100(\rho_{a\,i}$-$\rho_{a\,ref})/\rho_{a\,ref}$ où i représente la durée en heure depuis le début de l'injection, et *ref* la mesure avant injection) sur le site de Gironde. La ligne noire correspond à une limite conventionnelle entre le bruit naturel et le panache de recirculation du lixiviat (1,1% dans notre exemple). R_{max} est le rayon d'influence de la recirculation

Ces sections montrent la formation d'un panache (une anomalie négative, en bleu : diminution de résistivité avec augmentation de l'humidité) dans la partie ouest

(Figure 10). Nous pouvons noter que la recirculation de lixiviat provoque à chaque tomographie une décroissance de résistivité. Des anomalies positives (en rouge/marron, correspondant à une augmentation de résistivité), situées juste à l'est du puits d'injection, peuvent être analysées par à un accroissement de la proportion de biogaz présent dans la porosité des déchets. Le temps nécessaire pour revenir à l'aspect initial semble être assez court comme le montre la dernière section avec une diminution importante du panache : nous sommes toujours dans le cadre d'un processus d'hystérésis. Nous pouvons noter aussi que les variations de résistivité ne sont pas corrélées avec les anomalies de résistivité observées dans la section de référence, ces anomalies sont donc liées à une absence d'homogénéité du massif de déchets. Ceci montre également que le suivi temporel est adapté à l'évaluation correcte des changements d'humidité dus aux flux de lixiviat durant la recirculation.

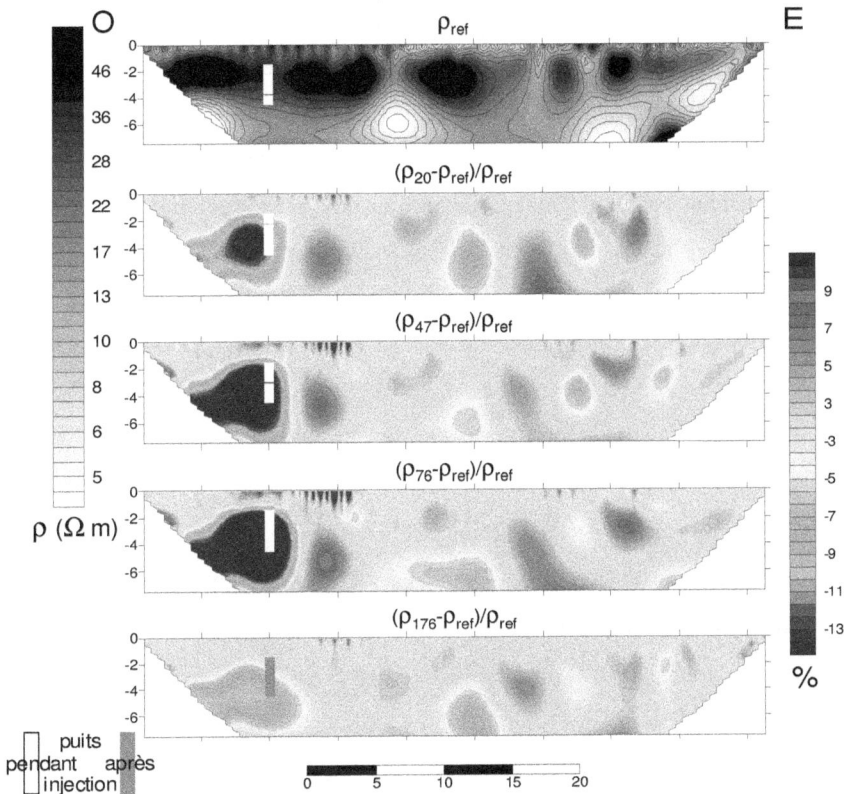

Figure 10 : Section de résistivité interprétée (en haut) et variation (en %) de résistivité interprétée durant la réinjection ($100(\rho_i-\rho_{ref})/\rho_{ref}$ où i représente la durée en minute depuis la mesure de référence avant injection *ref*) sur le site de Vendée. La ligne noire correspond aux iso-résistivités (en haut)

Interprétation

Lors des tests sur le premier site en Gironde, nous avons constaté des variations de résistivité négatives qui montrent que l'injection de lixiviat tend à augmenter la résistivité des déchets.

Lors de tests sur le second site, nous avons observé le phénomène inverse : l'injection de lixiviat faisait diminuer la résistivité des déchets.

Cette différence peut s'expliquer par plusieurs facteurs (Tableau 2, Tableau 3) :

- La température tout d'abord, qui a une influence sur la résistivité : quand la température diminue, la résistivité augmente. Or la dégradation des déchets est une réaction exothermique, la température au sein du massif peut atteindre 60°C, voire plus, alors que le lixiviat injecté est à température ambiante (15°C en Gironde et 10°C en Vendée). Une variation de la température du massif ou du lixiviat entre les deux sites aura une influence sur les résistivités. C'est pourquoi il est important de pouvoir contrôler la température des déchets. Ceci n'était pas le cas dans le cas du site de Gironde où seule la température d'injection du lixiviat était connue.
- La différence de conductivité du lixiviat injecté ensuite : sur le site de Gironde, elle était de 3,46 mS cm^{-1} (soit une résistivité de 2,9 Ω m), en Vendée elle était de 9 mS cm^{-1} (c'est-à-dire 1,1 Ω m).
- Enfin la nature des déchets et leur résistivité : les résistivités interprétées du premier site sont beaucoup plus faibles (entre environ 1 et 25 Ω m avec une valeur moyenne de 4 Ω m autour du puits avant l'injection) que celles du deuxième (entre environ 25 et 200 Ω m avec une valeur moyenne de 40 Ω m autour du puits avant l'injection). Ainsi la différence entre la résistivité du lixiviat et celle des déchets pour le premier site est plus faible que pour le deuxième.

	$\rho_{lixiviat} \ll \rho_{déchet}$ (forte $\sigma_{lixiviat}$)	$\rho_{lixiviat} \approx \rho_{déchet}$	$T_{lixiviat} < T_{déchet}$ (été)	$T_{lixiviat} \ll T_{déchet}$ (hiver)
Effet sur la résistivité	Forte baisse	Non défini	Augmentation	Forte Augmentation

Tableau 2 : Effet indépendant sur la résistivité mesurée de contraste de différents types entre le lixiviat et les déchets

	$T_{lixiviat} < T_{déchet}$ (été)	$T_{lixiviat} << T_{déchet}$ (hiver)
$\rho_{lixiviat} << \rho_{déchet}$ (forte $\sigma_{lixiviat}$)	Baisse	Non défini ou Baisse
$\rho_{lixiviat} \approx \rho_{déchet}$	Non défini	Non défini ou Augmentation

Tableau 3 : Effet combiné sur la résistivité mesurée de contraste de différents types entre le lixiviat et les déchets

Pour le premier site en Gironde, il est donc possible que l'injection de lixiviat entraîne une augmentation de la résistivité, contrairement au second. La différence de résistivités apparentes des déchets entre les deux sites, peut sans doute s'expliquer par la nature des déchets sur chaque site.

Sur le site de Vendée, la différence de température entre les déchets et le lixiviat est importante, mais les variations de résistivité sont essentiellement dues à l'augmentation de l'humidité du massif de déchets.

Pendant la période de recirculation, l'humidité du massif de déchets augmente, et par conséquent la résistivité électrique devrait décroître, mais la température et la minéralisation des déchets et du lixiviat peuvent se compenser. Si la température des déchets est plus haute que celle du lixiviat, plus faible sera la différence de température, plus réduite devrait être la diminution de la résistivité électrique. Dans le cas de la Vendée, le lixiviat est froid mais très conducteur, aussi l'injection de ce lixiviat provoque une décroissance de la résistivité dans le déchet.

Conclusion

Ce travail démontre que le suivi d'un massif des déchets confinés est faisable par répétition de panneau électrique. Ce système permet aussi le dimensionnement du réseau de réinjection. Il reste à étalonner les résistivités électriques en mesure d'humidité et de température.

III.B) Caractérisation d'aquifère fracturé : karst

Les aquifères karstiques ont un intérêt particulier car ils renferment l'essentiel des ressources en eau souterraine des pays du pourtour méditerranéen. Leur structure et leur fonctionnement sont complexes (Bakalowicz, 1995), car la karstification modifie les conditions de circulation hydrodynamique. La connaissance et la compréhension du fonctionnement de ces systèmes nécessitent la mise en œuvre d'un ensemble de méthodes indirectes, il s'agit d'une approche « fonctionnelle » basée sur l'interprétation des chroniques hydrologiques voire hydrochimiques aux exutoires des systèmes. Ces méthodes permettent d'apprécier le degré de développement de la karstification, d'évaluer les ressources et l'importance relative de la zone noyée mais elles ne permettent pas de déterminer la structure du système ni de localiser les drains souterrains. La connaissance de la géométrie et de la structure des différentes parties d'un aquifère karstique (épikarst, zone d'infiltration, zone noyée fissurée et drains karstiques) nécessite des approches directes telles que des études géophysiques précises. Leur objectif est, entre autres, de localiser les zones : (i) les plus favorables à l'implantation de forages ou d'ouvrages de captage et/ou (ii) qui présentent des risques importants de pollution de l'eau souterraine.

Aussi plusieurs études montrent des exemples de prospection géophysique appliquée à des structures karstiques. Kaspar et Pecen (1975) ont développé une sonde électromagnétique de forage adapté pour détecter un karst proche du forage. Vogelsang (1987) et Bosch et Müller (2001) ont cartographié respectivement par électromagnétisme slingram et VLF, des fractures et des failles qui favorisent le passage d'eau lié au développement de cavités. Ogilvy et al. (1991) ont détecté et modélisé par électromagnétisme VLF une cavité remplie d'air. Le radar a été utilisé pour positionner des zones fracturées peu profondes et karstifiées, des failles et des cavités (McMechan et al., 1998 ; Beres et al., 2001). Szalai et al. (2002) proposent l'emploi d'un dispositif électrique en configuration 'null array' pour mettre en évidence les directions superficielles préférentielles des réseaux karstiques. D'autres études ont mis en œuvre plusieurs méthodes : Gautam *et al.* (2000) présentent une analyse de panneau électrique corrélé avec une cartographie de gamma-ray ; Šumanovac et Weisser (2001) évaluent des mesures électriques et sismiques pour situer des zones fracturées.

Mes travaux concernent l'étude du karst de Corvol d'Embernard par prospection électromagnétique VLR-résistivité (cf. *infra* III.B.1) effectuée au cours de ma thèse (Guérin et Benderitter, 1995), et celle de l'épikarst du karst du Lamalou par mesures radar et RMP (cf. *infra* III.B.2) réalisée dans le cadre de la thèse de Walid AL-FARES que j'ai co-encadré (Al-Fares *et al.*, 2002).

III.B.1) Corvol d'Embernard

Le site est celui du karst de la Fontaine du Canard à Corvol d'Embernard (Nièvre). Le bassin versant est relativement restreint, il occupe une surface d'environ 0,5 km^2 et il ne peut justifier à lui seul l'alimentation de la résurgence karstique dont le débit moyen à l'étiage est de 5 à 10 L s^{-1} (Chabert et Couturaud, 1983). L'aquifère karstique constitué de calcaires à entroques (du Bajocien) occupe une épaisseur de 6 à 10 m, au-dessus d'une épaisse couche imperméable de marnes (du Toarcien), et est recouvert de couches semi-perméables composés de marnes et de calcaires argileux (du Bathonien-Bajocien). Le réseau karstique a été reconnu par des spéléologues sur 500 m (Figure 11). Des indications précises existent concernant les siphons, la position (entre 8 et 10 m de profondeur au mur du calcaire à entroques) et la forme très hétérogène du conduit, les fractures visibles et les types de remplissage (accumulations d'argile…).

La circulation d'eau dans le réseau karstique provient soit du nord (où le réseau est le plus connu), soit du sud (où la connaissance du karst est restreinte) et sort par une exsurgence, source et lavoir à l'est.

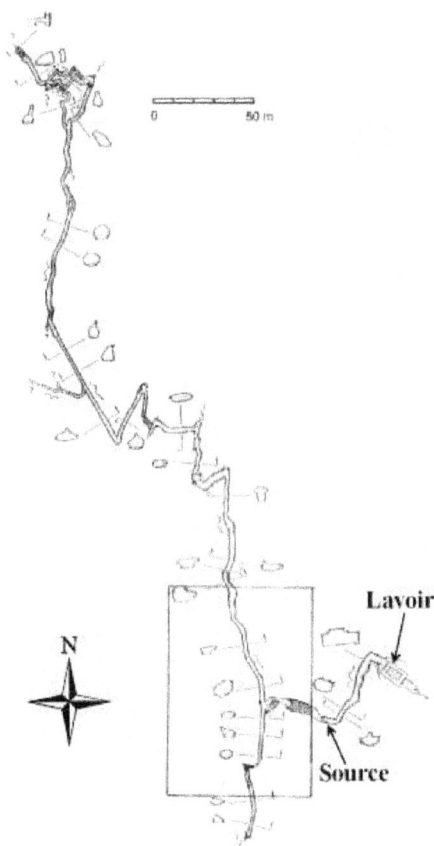

Figure 11 : Carte du tracé du karst donné par des spéléologues (le rectangle
correspond à la zone prospectée par géophysique) de Corvol d'Embernard

La zone a été prospectée sur une surface de 70 m sur 100 m (Guérin et Benderitter,
1995). Une prospection électromagnétique VLF avec l'émetteur français 18,3 kHz de
direction N270° (Figure 12) présente un gradient décroissant progressif d'ouest en est
concordant avec le pendage topographique. A cette tendance générale s'ajoute la
présence d'un axe NNO-SSE de faible résistivité au centre de la carte. Cet axe
coïncide au nord avec des directions de fracturation mises en évidence par les
spéléologues.

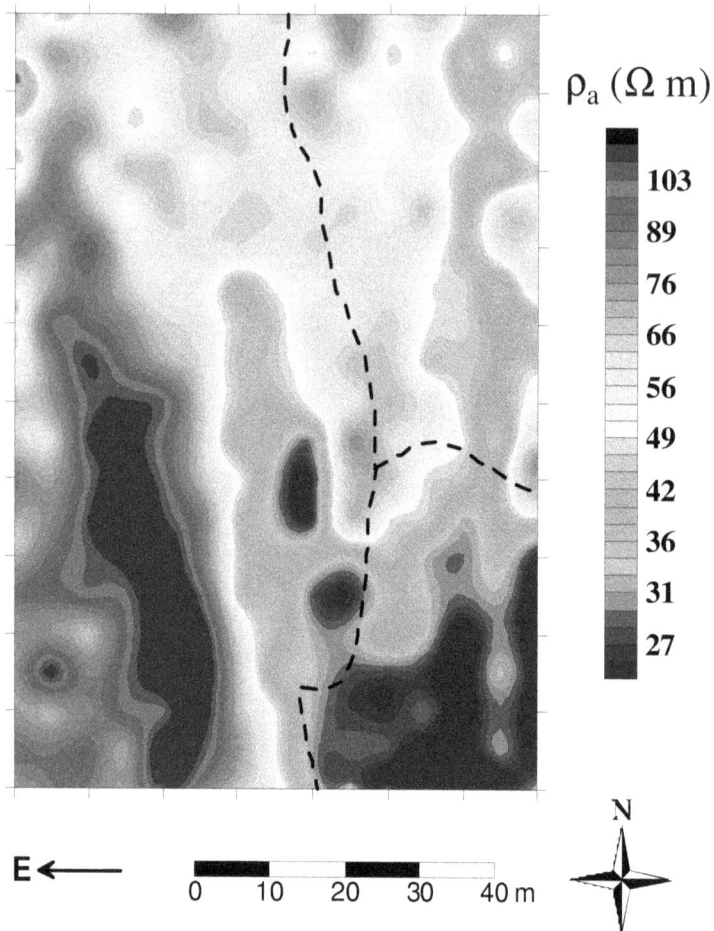

Figure 12 : Carte de résistivité électrique apparente VLF obtenue avec l'émetteur
18,3 kHz sur le site de Corvol d'Embernard. Le trait en pointillé représente le tracé
du conduit

Dans la partie méthodologique (cf. *infra* IV.A.2) la carte sera verticalisée (Figure 37)
et confirmera l'orientation NNO-SSE de la fracturation.

Une prospection électrique par traîné Wenner-α avec un écartement inter-électrode
de 20 m (Figure 13) confirme aussi les résultats de VLF-résistivité.

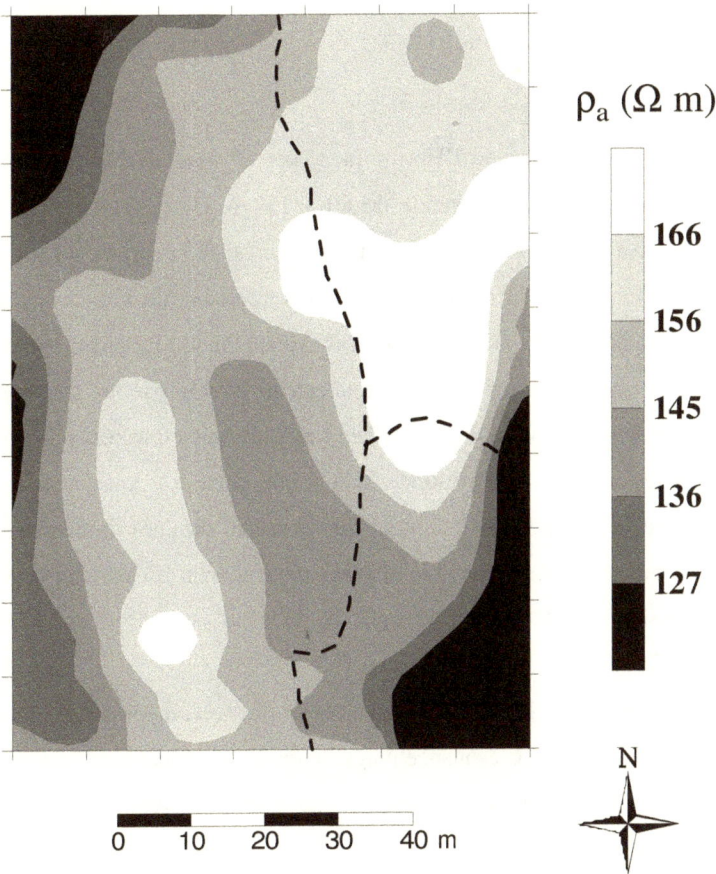

Figure 13 : Carte de résistivité électrique apparente obtenue en traîné Wenner-α
a=20 m sur le site de Corvol d'Embernard. Le trait en pointillé représente le tracé du
conduit

Cette étude montre que les méthodes géophysiques ne sont pas capables en général de
détecter le conduit lui-même (sa taille étant trop limitée par rapport à sa profondeur).
Nénamoins, la géophysique a permis de caractériser les traits structuraux associés au
karst et donne son orientation générale. L'apport de la géophysique pour l'étude d'un
karst n'est pas direct, mais l'hydrogéologue bénéficie d'informations sur la
fracturation et donc sur la direction de circulation de l'eau.

III.B.2) Lamalou

Le site situé sur le Causse de l'Hortus (à 35 km au nord de Montpellier) est un plateau calcaire d'épaisseur moyenne de 80 à 100 m. Ce plateau s'étend sur une superficie de 50 à 70 km². Le sol est quasiment inexistant, la surface du site présente des lapiaz parfois recouverts par des cailloutis résultant de son démantèlement. L'aquifère est constitué par des calcaires valanginiens fortement fracturés et karstifiés. Les écoulements d'eau sont totalement assurés par les fractures et les fissures de la roche plus ou moins karstifiée. Les eaux sont collectées par une galerie naturelle souterraine qui se développe à la limite entre les zones saturée et non saturée (Figure 14). Cette galerie connue sur plusieurs dizaines de mètres, s'élargit pour former une grotte accessible au voisinage de la source. L'épaisseur moyenne de la zone non saturée est de 20 m et celle de la zone saturée est estimée à 50 m (Durand, 1992).

Le travail a consisté à évaluer les performances de plusieurs méthodes géophysiques : radar, panneau électrique et résonance magnétique des protons (RMP) à l'étude de la partie superficielle de l'aquifère karstique du Lamalou (Al-Fares *et al.*, 2002 ; Vouillamoz *et al.*, 2003).

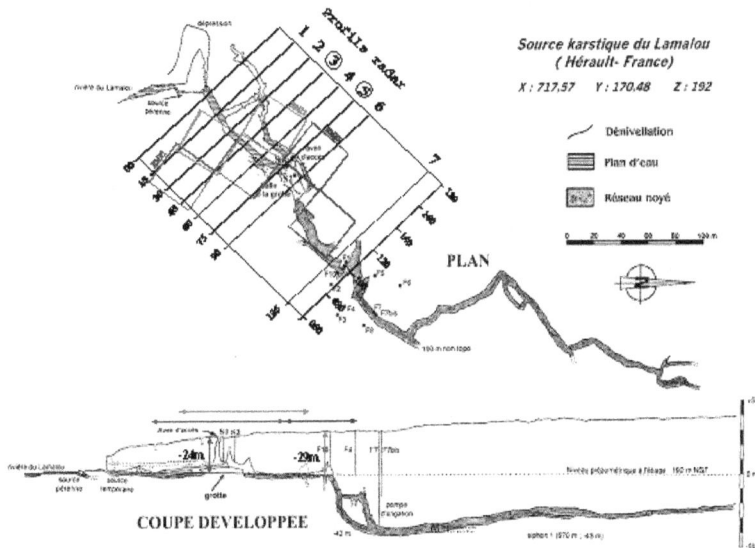

Figure 14 : Position des profils radar et des sondages RMP (1, 2 et 3) par rapport au plan du conduit karstique du Lamalou. Fi : forages implantés sur le site, S1 et S2 : forages carottés réalisés au-dessus de la grotte.

Prospection radar

Sept profils radar (long de 120 m, espacés de 15 m) ont été réalisés sur la partie la moins profonde du conduit karstique. Ces profils ont été réalisés avec le radar Pulse-Ekko 100 (Sensors & Software) avec des antennes 50 MHz. La vitesse moyenne de propagation des ondes électromagnétiques dans le calcaire est de 0,11 m ns^{-1}.

Tous les profils montrent clairement plusieurs structures qui caractérisent l'aquifère karstique à proximité de la source :

- une zone superficielle marquée par des réflexions multiples, limitée à sa base par une interface bien contrastée. Cette zone (A) d'épaisseur variant entre 8 et 12 m, est caractérisée par une forte fracturation et des fissures de tailles variées. Un réflecteur oblique net (P1), représente le plan de stratification des couches. Il se répète sur l'ensemble des profils ; sa pente générale, vérifiée par des mesures sur le terrain, varie entre 12° et 18°. Ce pendage recoupe la

43

surface du sol dans les dernières parties de la zone étudiée. Un talweg recoupe tous les profils et semble être lié à une faille (F) à faible rejet ou une fracture importante. Cette zone constitue l'épikarst qui joue un rôle très important dans les processus de stockage d'eau près de la surface et d'infiltration verticale vers les zones non saturée et noyée (Bakalowicz, 1995).

- plus profondément, une zone (B) d'épaisseur moyenne entre 8 et 10 m, composée de calcaires gris foncés, massifs compacts, limitée en bas par un plan de stratification (P2) parallèle à (P1) ; la distance entre les deux plans est de 13 m. La faible restitution des signaux radar dans cette zone est due à l'absence de réflecteurs horizontaux et à la faible hétérogénéité de cette couche. L'intersection de cette zone avec la surface topographique est figurée par la présence de calcaire massif fracturé dans lequel se développe le lapiaz (L) avec de petits pitons calcaires séparés par des fractures élargies par dissolution.

Le profil 5 (Figure 15) est situé directement au-dessus de la cavité principale accessible par un puits naturel (D : aven d'accès) profond de 18,5 m. Il révèle avec précision, la position et la géométrie de la cavité (C). De plus, les réflexions à proximité de la grotte révèlent également qu'elle se prolonge latéralement à peu près horizontalement le long du plan de stratification. Cette disposition est confirmée par les observations directement faites dans la grotte et par deux forages carottés réalisés sur la cavité.

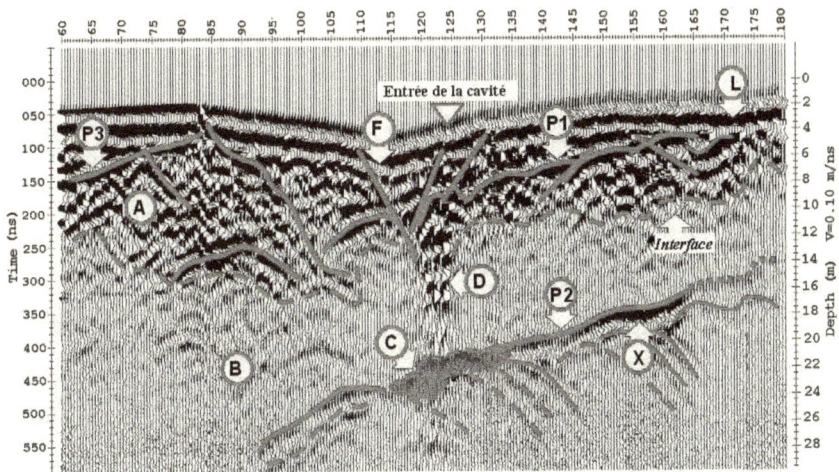

Figure 15 : Interprétation du radargramme du profil 5 sur le site du Lamalou. A :
Calcaire fracturé et karstifié (épikarst), B : Calcaire massif et compact, C : Cavité
karstique, D : Aven d'accès, L : Lapiaz, P1, P2, P3 : Plans de stratification, F : Faille
associée au talweg, X : Cavité inconnue.

Par ailleurs, le puits naturel d'accès, qui se développe à peu près sur le trajet de la
fracture principale, est bien visible sur le profil ; la cavité présente d'ailleurs les
dimensions les plus vastes (hauteur : 1 à 3 m, largeur : 3 à 8 m) à l'intersection de la
fracture et du joint de stratification principal.

Le profil 5 au voisinage de l'aven a été comparé avec les coupes fournies par les
carottes des deux forages et les observations directes faites dans l'aven et dans la
grotte (Figure 16). Les deux forages carottés (S1 et S2) fournissent une coupe
détaillée au-dessus de la grotte. L'analyse des carottes montre la colonne lithologique
suivante :

- couche caillouteuse superficielle de 0 à 0,6 m,
- calcaire jaune tantôt compact, tantôt altéré et parcouru de fractures ouvertes, de
  0,6 à 11 m environ,
- calcaire gris et compact de 11 à 16,5 m,
- calcaire jaune, altéré et fracturé, de 16,5 m jusqu'au plafond de la grotte.

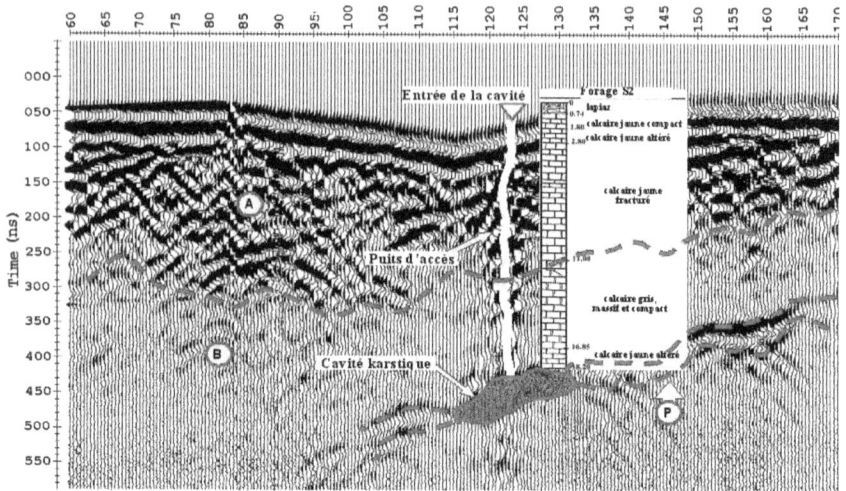

Figure 16 : Position de la cavité karstique et de la colonne lithologique du forage carotté S2 réalisé au-dessus de la cavité, sur le radargramme du profil 5 du site du Lamalou. A : Calcaire jaune fracturé et karstifié (épikarst) ; B : Calcaire gris massif et compact ; P : Pendage des couches

La faible porosité (1,84% mesurée sur des carottes avec un porosimètre à mercure) montre que l'infiltration des eaux depuis la surface vers la zone noyée ne peut être assurée que par les fractures et les fissures ouvertes. Le rôle de la matrice rocheuse peut être considéré comme quasiment négligeable. La coloration jaune de la roche et son altération sont des manifestations évidentes d'hydromorphie. Entre 11 et 18 m, le calcaire est gris parce qu'il n'a pas été altéré par les circulations d'eau. La couleur jaune observée entre 0 et 11 m correspond à une altération par l'eau circulant dans la zone altérée et plus fracturée, proche de la surface, l'épikarst. En profondeur, le calcaire présente la même altération jaune liée aux circulations d'eau, dans des fractures au voisinage du conduit karstique.

Panneau électrique

Un panneau électrique (Figure 17) a été réalisé le long du profil 5. Le dispositif employé (Syscal d'Iris Instruments) comportait 64 électrodes (implantées dans le calcaire à l'aide d'un perforateur électrique) espacées de 4 m et utilisées en configuration Wenner α et β. Nous trouvons, en comparant les profils électrique et radar, une bonne corrélation concernant la position de la cavité et la limite entre les calcaires fracturés et compacts. La résistivité électrique pour les 12 premiers mètres, de l'ordre de 4000 Ω m, correspond à la résistivité de l'épikarst. Tandis que plus profondément, la résistivité de l'ordre de 8000 à 15000 Ω m, correspond aux calcaires massifs et compacts. Au centre du profil, les valeurs de la résistivité sont les plus élevées et correspondent à la position de la cavité. Sa géométrie donnée par la méthode électrique ne présente pas les dimensions réelles en raison du pouvoir intégrateur inhérent à la méthode.

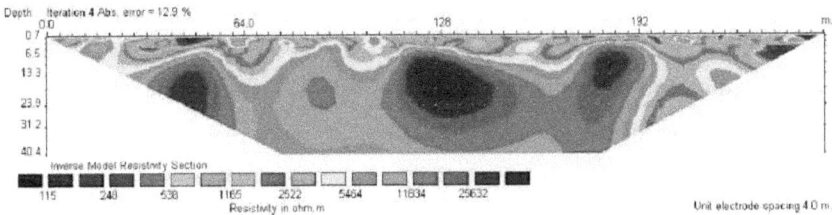

Figure 17 : Coupe de résistivité électrique interprétée (configuration Wenner α et β) réalisé sur le profil 5 sur le site du Lamalou

Sondages RMP

Trois sondages RMP ont été effectués sur la zone de prospection radar (Figure 14). Le but est de déterminer la présence et les profondeurs des niveaux d'eau dans l'aquifère. L'équipement NUMIS (Iris Instruments) a été utilisé pour réaliser les mesures, avec une boucle en forme de huit de 37,5 m de coté comme émetteur et récepteur. L'inversion des données permet d'obtenir une courbe représentant la relation entre la teneur en eau des formations du sous-sol et la profondeur (Figure 18). Deux niveaux d'eau sont mis en évidence : le premier dans les cinq premiers mètres correspond au petit réservoir temporaire de l'épikarst ; le second à partir de 24 m correspond à la zone noyée.

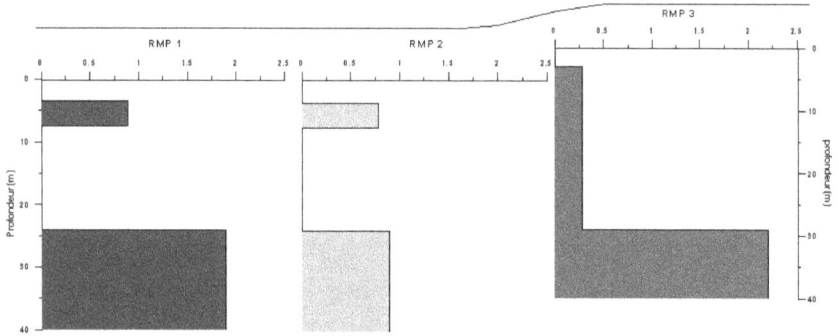

Figure 18 : Teneur en eau donnée par l'inversion des sondages RMP 1, 2 et 3 sur le site du Lamalou

Interprétation

L'interprétation des résultats de la prospection radar a permis de décrire les structures particulières qui caractérisent la partie peu profonde de l'aquifère karstique (épikarst, zone fracturée et karstifiée, zone massive compacte et les plans de stratification), et de localiser avec précision la cavité à 20 m de profondeur. L'inversion des données électriques a confirmé la position de la cavité karstique, et les épaisseurs de la zone fracturée et de la zone compacte mises en évidence par le radar. L'inversion des données RMP a contribué à déterminer deux niveaux d'eau : le premier correspond à un petit stockage temporaire dans l'épikarst, et le deuxième correspond au conduit karstique.

Un modèle géologique a été déduit des interprétations géophysiques, des forages carottés et des observations directes de la surface et à l'intérieur de la grotte. Ce modèle décrit l'ensemble des différentes structures constituant la partie peu profonde de l'aquifère karstique du Lamalou au voisinage de la source. Horizontalement, nous pouvons distinguer, à la surface de la zone d'étude, des faciès différents liés aux couches calcaires de nature différente. Sur la première quarantaine de mètres le long des profils, la surface est constituée d'un sol argileux (ordre de quelques centimètres),

48

d'éboulis et de roche en place. Cette partie est limitée par un talweg situé dans le milieu du modèle. Ce talweg est orienté vers la source pérenne et recoupe perpendiculairement la zone étudiée. Il semble que ce talweg soit lié à une faille régionale. A l'aplomb de cette faille, nous retrouvons la cavité principale, la grotte du Lamalou qui se développe le long d'un plan de stratification. Puis dans la partie droite du modèle, la surface devient moins argileuse et composée d'éboulis beaucoup plus abondants et de roche en place. Ce faciès se termine à une vingtaine de mètres de l'extrémité des profils par un plan de stratification bien visible sur les profils radar et recoupant la surface du sol. Ce plan de stratification sépare des couches composées de calcaires marneux et un calcaire massif très fracturé et karstifié en lapiaz.

Verticalement, le modèle est constitué de deux zones principales :

- Une zone superficielle, représentant l'épikarst, est composée de calcaires jaunes fortement fracturés et karstifiés. Son épaisseur moyenne varie de 8 à 12 m, en fonction d'une part, de l'état et la nature de la surface, et d'autre part de la répartition et la direction des fractures. La coloration jaune des roches est due aux processus d'écoulements souterrains abondants dans tout l'épikarst.

- Au-dessous de l'épikarst, le calcaire devient gris, massif et compact, mais moins fracturé. Cette partie représente la zone d'infiltration de l'aquifère karstique. Elle est marquée par l'inexistence des réflecteurs horizontaux, donc par l'absence de forts contrastes, à l'exception des réflexions fortes du plan de stratification. L'infiltration de l'eau vers la galerie et la zone noyée est assurée par des écoulements rapides dans de rares fractures verticales ouvertes et par des écoulements lents dans les microfissures du calcaire.

A l'interface entre la zone non saturée et la zone noyée, la grotte se développe le long du pendage des couches à une vingtaine de mètres de profondeur, probablement en relation avec la fracture sur laquelle s'est établi le talweg.

Ce modèle est caractéristique des karsts qui ne sont pas recouverts par des sols épais ou des sédiments non carbonatés. Il peut être considéré comme étant représentatif de tous les karsts périméditerranéens.

Conclusion

Alors que les prospections géophysiques sur du karst sont considérées comme peu opérantes, nos prospections renseignent sur la structure de l'épikarst et donc du système d'alimentation du karst. Sur une surface « sans sol » où nous trouvons directement le calcaire karstifié, le radar fournit une image précise du sous-sol. La RMP montre son efficacité sur un karst même pour des teneurs en eau faible. Nous proposons donc une méthodologie pour caractériser un karst que nous validons actuellement dans le cadre d'un projet du Programme National de Recherche en Hydrologie (PNRH).

III.C) Zone non saturée : zone humide

Les prospections géophysiques ont été employées pour l'étude du fonctionnement hydrodynamique d'une zone humide, c'est-à-dire pour mieux comprendre l'hétérogénéité et le fonctionnement des zones humides et des milieux riverains des cours d'eau. Plusieurs techniques (thermographie infrarouge, cartographie électromagnétique slingram) ont été mises en œuvre afin de décrire la géométrie du proche sous-sol (Bendjoudi *et al.*, 2002) et de quantifier les transferts.

III.C.1) Cadre de l'étude

Dans le cadre du programme national de recherche sur les zones humides (PNRZH), un projet d'études a été mis en œuvre de caractère pluridisciplinaire (géophysique, hydrogéologie, paléoenvironnements, palynologie, géochimie...). Il concerne un site de la Seine amont (Figure 19a) présentant des situations très contrastées aussi bien du point de vue physique (extension du corridor alluvial), hydrodynamique (rôle par rapport aux crues) que des contraintes anthropiques (chenalisation, carrières, barrages réservoirs...).

Une clé de compréhension du fonctionnement actuel des zones humides est à rechercher dans la reconstitution et la modélisation des alluvions qui leur servent de substrat ainsi que du fonctionnement hydrique passé et présent. L'étude débute donc par la connaissance tant de l'état de surface que de la structure du sous-sol (nature des matériaux et géométrie des interfaces). Dans cette optique, a été réalisée en période hivernale, sur sol nu, une prospection thermique aéroportée (radiomètre à balayage) sur l'ensemble de la zone pour corréler les propriétés thermiques avec la granulométrie obtenue par les sondages superficiels.

III.C.2) Géophysique aéroportée

La prospection thermique aéroportée, déjà largement utilisée pour des objectifs archéologiques (Scollar *et al.*, 1990) et pédologiques (Gauthier et Tabbagh, 1994), est employée ici pour l'étude du fonctionnement hydrodynamique d'une zone humide.

Cette mission aéroportée a été déclenchée en période hivernale, en février 1997, sur sol nu (le terrain était partiellement inondé), sur les vallées de la Seine et de l'Aube. Onze axes, représentant un linéaire de 80 km ont été acquis couvrant le secteur de la Bassée, la plaine de Romilly, l'Aube et la Seine amont.

Nous avons utilisé le radiomètre ARIES (Monge et Sirou, 1975) qui permet d'acquérir sur deux canaux et directement dans un ordinateur une image dans les domaines visible et infrarouge thermique (10,5-12,5 µm). La vitesse de l'avion et l'altitude de vol ont permis d'atteindre une résolution au sol de 2 m dans les deux directions et pour les deux canaux. Le positionnement des axes a été effectué grâce à un GPS embarqué. Un gyroscope couplé au système d'acquisition d'ARIES enregistre les mouvements de roulis et tangage, ce qui permet de corriger la géométrie de l'image acquise.

L'étude simultanée des canaux visible et thermique a permis de séparer aisément les zones d'eau libre et les eaux stagnantes grâce à un comportement thermique bien différencié (Figure 19b et c) comme le montrent les vues correspondant à une zone de 3 km de long sur 2,5 km de large au-dessus de l'Aube en amont de la confluence avec la Seine. De plus, la profondeur d'investigation de la méthode thermique (environ 0,5 m, fonction de l'évolution du flux thermique dans les jours précédents le vol) permet une estimation des réserves en eau du très proche sous-sol. En particulier, certaines zones d'anomalies thermiques liées à des écoulements souterrains sont visibles dans le canal thermique, et invisibles dans le canal visible qui ne met en évidence que l'eau libre en surface. Le canal visible du radiomètre ARIES permet aussi une mise à jour des données hydrologiques présentes sur les cartes IGN dans ces zones caractérisées par un fort remaniement anthropique sur des échelles de temps courtes (de l'ordre de l'année). De même, les anciens chenaux de la rivière apparaissent clairement sur l'image thermique (Figure 20). Bien que non actifs la plupart du temps, ces chenaux peuvent avoir un rôle important dans les processus d'inondation or ils n'apparaissent ni dans l'image visible, ni sur les cartes topographiques.

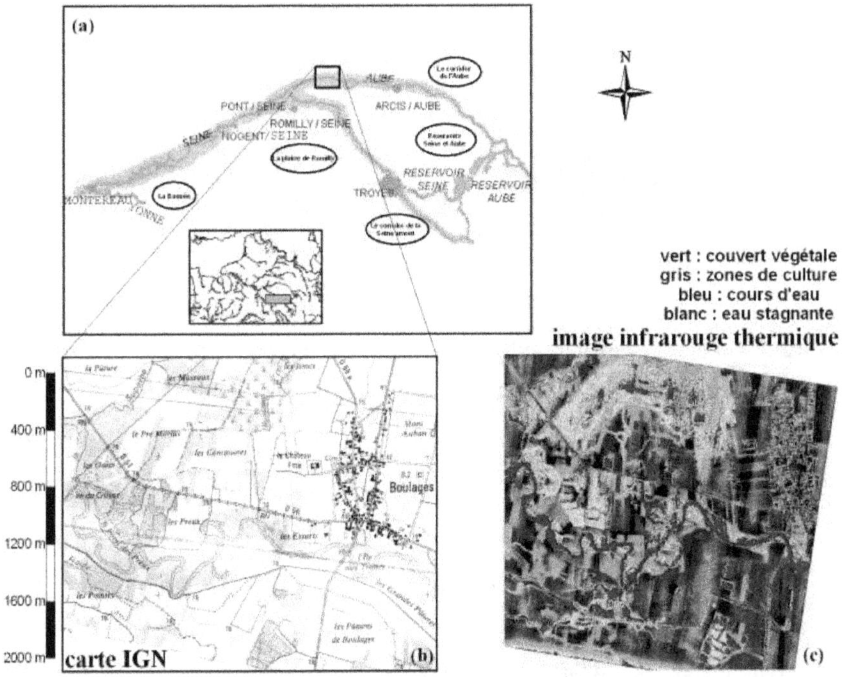

vert : couvert végétale
gris : zones de culture
bleu : cours d'eau
blanc : eau stagnante

Figure 19 : Localisation (a) de la zone d'étude de la Seine amont et (b) de la zone de Boulages et (c) interprétation de l'image infrarouge thermique

Cette première approche thermique permet, pour un coût et un temps d'opération limité, d'avoir une vision globale et précise du fonctionnement de l'ensemble de la zone permettant d'orienter les investigations plus approfondies au sol.

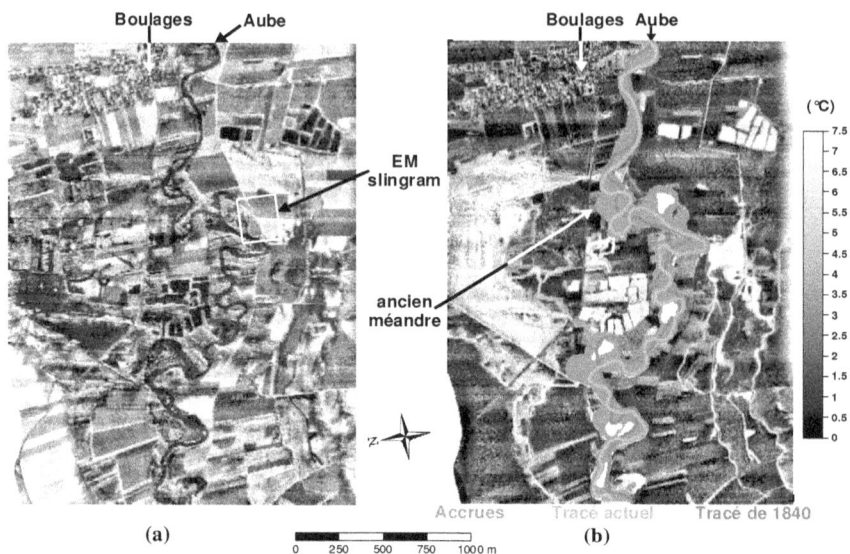

Figure 20 : Comparaison analyse historique des méandres sur les images visible (a) et thermique (b) sur le site de Boulages

III.C.3) Géophysique au sol

En 1998 et en 1999, plusieurs campagnes de géophysique au sol ont été réalisées avec pour premier objectif la cartographie à grande échelle des variations latérales de la conductivité électrique apparente avec l'appareil électromagnétique slingram EM31 (Geonics Ltd.), qui permet d'obtenir, dans la configuration utilisée, une information intégrant les valeurs de conductivité du sol sur environ les six premiers mètres de profondeur.

Une zone sur l'Aube, près de Boulages (localisée sur la Figure 20), a été choisie pour analyser la corrélation entre la résistivité électrique des premiers mètres et la température de surface obtenue avec la thermographie infrarouge, et effectuer de premières estimations des caractéristiques hydrogéologiques des sédiments. Cette zone étudiée initialement (en 1998) sur une superficie de 100 par 100 m (Figure 21), a été prospectée à deux époques différentes (période de crue et période de sécheresse)

54

afin d'évaluer également l'effet des variations temporelles et de reconnaître les bornes de variation du suivi temporel. En 1999, la zone d'étude a été étendue à 300 par 200 m (Figure 21) afin d'étudier les corrélations avec les données de thermographie et la validité géostatistique de ces données.

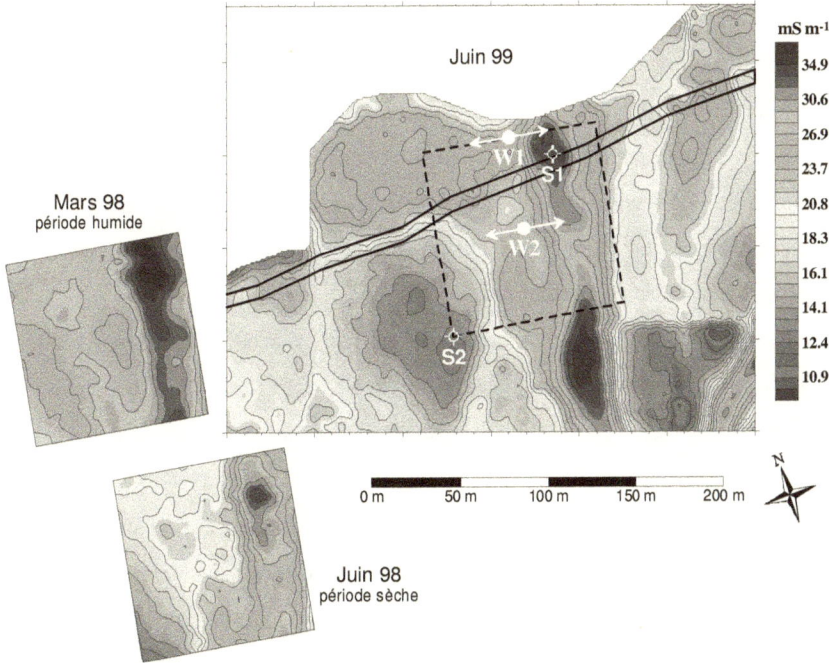

Figure 21 : Carte de conductivité électrique apparente obtenue par prospection électromagnétique slingram sur le site de Boulages. Le trait plein noir correspond au chemin, celui en pointillé à la zone prospectée en 1998, les points blancs aux sondages électriques Wenner-α (W1 et W2) et aux sondages pédologiques (S1 et S2)

III.C.4) Corrélation entre thermographie infrarouge et conductivité électrique

Une des questions posées concerne l'influence des perturbations liées à l'activité humaine, en l'occurrence les pratiques agricoles, sur la réponse thermique des sols. L'étude des corrélations doit donc porter en priorité sur des données représentatives de la surface du sol. Nous pouvons supposer que les caractéristiques du sous-sol profond n'ont pas évolué entre les deux mesures.

En soustrayant les valeurs issues de la seconde campagne électromagnétique des valeurs issues de la première campagne (de mars et juin 1998), nous enlevons ces caractéristiques communes, pour ne plus mettre en évidence que les différences liées aux hétérogénéités de surface. L'image ainsi obtenue (Figure 22a) permet de reconnaître le chemin d'exploitation et le bandeau inter-parcellaire présents sur le terrain. Les zones de différence négative sont interprétées comme des zones de rétention d'eau (présence d'une couche argileuse). Les zones de différence positive sont au contraire des zones en contact avec des couches à granulométrie plus grossière, laissant l'eau s'écouler dans le sous-sol.

Deux forages pédologiques confirment ce premier résultat. Le forage S1 effectué dans la zone de forte conductivité électrique révèle la présence d'une couche d'argile d'environ 1,5 m séparant la couche superficielle des alluvions grossières plus profondes, alors que le forage S2 effectué dans la zone de faible conductivité électrique montre que les alluvions grossières sont directement en dessous du sol superficiel. La concordance des résultats nous permet de considérer la carte ainsi obtenue comme carte de référence.

C'est à cette dernière que nous avons comparé l'image thermique de la zone (Figure 22b), traitée également de façon à s'affranchir de l'information plus profonde en prenant en compte les valeurs centrées (pour chaque zone homogène en ton de gris, nous avons soustrait la moyenne de la zone à chaque valeur de l'image thermique). Le traitement a été effectué de manière à ce que sur les deux images (électriques et thermiques), les zones à forte teneur en eau et/ou argile apparaissent en blanc. La comparaison entre l'image thermique et l'image électromagnétique slingram met en évidence une bonne concordance entre les zones vierges de toute pratique agricole (chemin d'exploitation et bande inter parcellaire). Par contre des discordances apparaissent en ce qui concerne les zones cultivées.

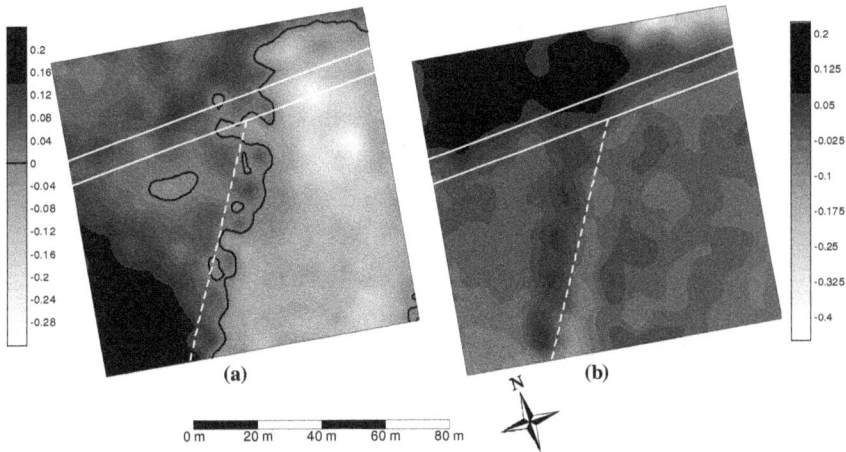

Figure 22 : (a) Soustraction normalisée des prospections de conductivité apparente en période humide et sèche et (b) Image thermique normalisée (chemin en trait plein blanc et limite de champs en pointillé blanc), sur le site de Boulages

Par ailleurs, une approche géostatistique permet d'indiquer que le phénomène mesuré en thermographie infrarouge est d'une échelle plus grande que l'échelle de travail ou lié à des erreurs de mesure (variogramme avec effet de pépite), et de montrer la trop faible étendue de la zone étudiée en conductivité apparente (variogramme sans palier).

III.C.4) Conclusion

Les outils employés (thermographie infrarouge et électromagnétisme slingram) permettent de couvrir de grande surface avec une résolution fine pour décrire la sub-surface d'une zone humide. En ayant des données de thermographie avec des références géographiques plus précises (en plaçant des amers au sol) et en combinant avec les données électromagnétiques slingram, on doit aboutir à l'élaboration d'une grille de lecture associant à chaque type de réponse thermique du sol ses caractéristiques hydrauliques.

57

III.D) Géométrie d'aquifères : Altiplano bolivien

III.D.1) Problématique

En 1997 et 1998, le PNRH « Altiplano » a eu pour objectif de comprendre les mécanismes à l'origine de l'évolution spatiale et temporelle de la géochimie de l'eau souterraine dans la partie centrale du bassin versant endoréique de l'Altiplano (Figure 23). La zone d'étude a été dans le passé (11 000 ans BP) recouverte par le lac salé Tauca. Depuis cette période, le retrait vers le sud puis la disparition de ce lac ont favorisé la recharge progressive par le nord de l'aquifère salé par des eaux plus douces, d'origine diverse (ruissellement temporaire près des piedmonts et rio Desaguadero, fleuve actuellement pérenne qui est un effluent du lac Titicaca). Cette recharge s'effectue actuellement dans un contexte climatique semi-aride. Une première modélisation de la dynamique sur 10 000 ans des flux hydriques et des chlorures a été esquissée grâce à des données issues d'une centaine de piézomètres (Coudrain-Ribstein *et al.*, 1995). Cependant le modèle obtenu peut être mieux contraint par la connaissance de l'épaisseur de l'aquifère. En conséquence, l'objectif de l'étude géophysique entreprise en août 1998 est d'évaluer les épaisseurs des formations en présence et de repérer les zones les plus salées de l'aquifère. Une première étude par sondages électriques à courant continu a montré que cette méthode ne permettait pas une pénétration suffisante en raison des faibles résistivités (1 à 5 Ω m) des terrains superficiels et ce, pour des longueurs de ligne de 500 m : les terrains sont recouverts d'une couche notablement conductrice (1 Ω m) d'environ 5 m d'épaisseur qui peut-être liée à l'accumulation de sels dans la zone non saturée, par évaporation depuis l'aquifère. Notre choix s'est porté sur la méthode de sondages électromagnétiques en domaine temporel ('Time-Domain Electromagnetism', TDEM, ou 'Transient Electromagnetism', TEM ; Nabighian et Macnae, 1991 ; McNeill, 1994). En effet les avantages du TDEM (grande sensibilité aux terrains conducteurs, pouvoir de résolution latérale et verticale important, bonne détection des anomalies de faible résistivité dans un terrain conducteur, et mise en œuvre aisée car il y a absence de contact avec le sol et donc rapide sur terrain dégagé) permettent de prévoir une bonne adéquation de la méthode à l'objectif de l'étude, et ce malgré les inconvénients inhérents à cette méthode (faible résolution des terrains résistants, résolution assez limitée sur la partie superficielle, difficultés de mise en œuvre en zone boisée).

La zone d'étude est située dans la partie centrale du bassin endoréique constituant l'Altiplano bolivien, à environ 100 km au sud-est du lac Titicaca, sur la rive droite du rio Desaguadero qui alimente les lacs salées du sud du bassin (lac Poopo, salar de Coïpasa et salar d'Uyuni). Les conditions hydrologiques sont les suivantes : l'eau du rio Desaguadero a une conductivité moyenne de 1,81 mS cm^{-1} (soit 0,55 Ω m), les précipitations moyennes sont de l'ordre de 200 mm an^{-1}. Cette zone d'étude s'étend sur une superficie d'environ 2000 km^2, centrée sur la coordonnée : 17°30' S – 67°45' O, et se trouve à l'extrémité nord de la zone occupée 11 000 ans auparavant par le lac Tauca.

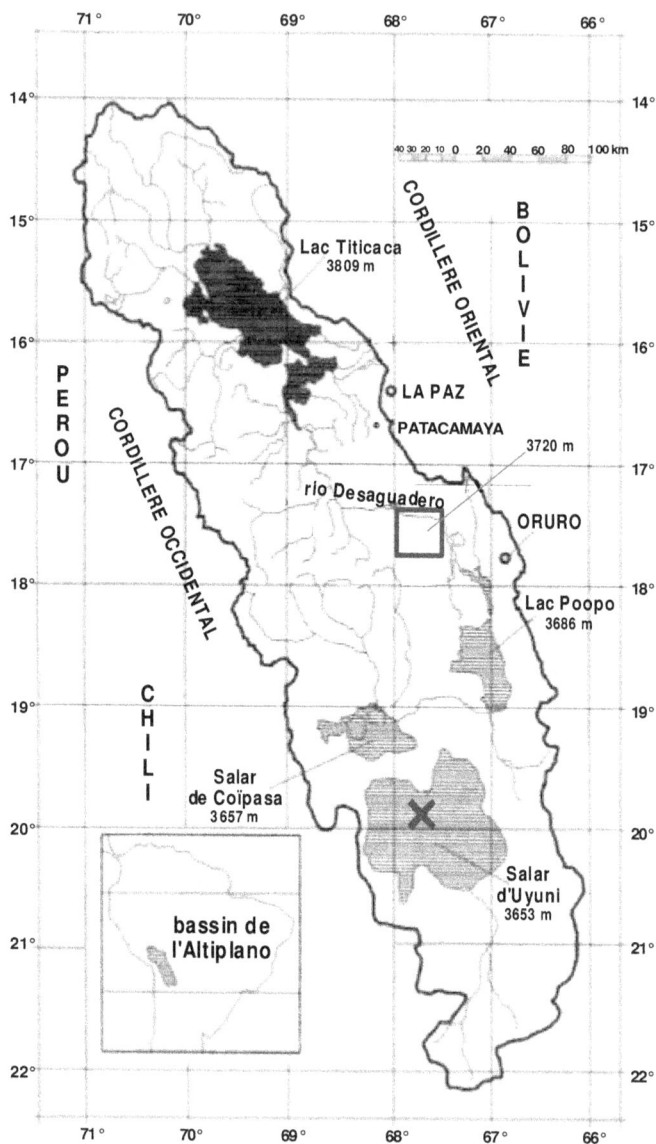

Figure 23 : Localisation de l'Altiplano bolivien, de la zone d'étude (cadre bleu), et du sondage au Salar d'Uyuni (croix bleue)

III.D.2) Données et interprétation des sondages TDEM

En quinze jours de terrain, cent sondages TDEM ont été réalisés avec quatre opérateurs sur une surface d'environ 40 km x 50 km (Guérin *et al.*, 2001). Ils sont répartis sur l'ensemble de la zone selon huit profils nord-est – sud-ouest (Figure 24). L'équipement utilisé est un Protem47 (Geonics Ltd.), spécialement conçu pour la sub-surface (première fenêtre de mesure à 6,8 µs). La configuration géométrique adoptée comporte une boucle d'émission de 100 m x 100 m et une bobine de réception de 15 m x 15 m placée au centre. Avec un courant injecté de 1,8 A, cela permet une investigation sur plus de 250 m de profondeur dans ce contexte particulier (terrain conducteur, bruit électromagnétique extérieur extrêmement faible donc rapport signal sur bruit très favorable) au contraire des sondages électriques (Figure 25).

Le contexte géologique est celui d'un bassin sédimentaire. Les terrains en présence sont des graviers, des sables et des argiles. La mesure des trois composantes du champ électromagnétique secondaire a confirmé l'absence de signal notable sur les composantes horizontales, ce qui est caractéristique d'une structure 1D. Les données sont en conséquence interprétées en modèle tabulaire, avec le logiciel d'inversion 1D Temix (Interpex). Pour chaque sondage, nous avons conduit en première approche deux interprétations distinctes : (i) une inversion avec un modèle comportant le minimum de terrains nécessaire à l'ajustement correct de la courbe expérimentale (erreur RMS < 5% en général), avec les domaines d'équivalence, et (ii) une inversion lissée avec quinze terrains d'épaisseurs fixées. A titre d'exemple, la Figure 26 présente les interprétations des sondages TDEM de Solito et de Wila Khara. Le sondage de Solito auprès du seul forage dépassant 100 m de profondeur permet de relier les résistivités calculées avec la géologie de cette zone : les terrains à forte proportion de graviers et de sables, contenant une eau de 5 Ω m, ont des résistivités de 20 à 30 Ω m environ tandis que le substratum argileux présente des résistivités de l'ordre de 10 Ω m. Le sondage TDEM de Wila Khara révèle un substratum encore plus conducteur, de l'ordre de 0,1 Ω m. Cette valeur très basse est néanmoins réaliste et est attribuée à des argiles et des saumures. En effet, un sondage TDEM réalisé sur le Salar d'Uyuni au sud de l'Altiplano révèle que ces terrains ont des résistivités de 0,3 Ω m sur plus de 60 m d'épaisseur (Figure 27).

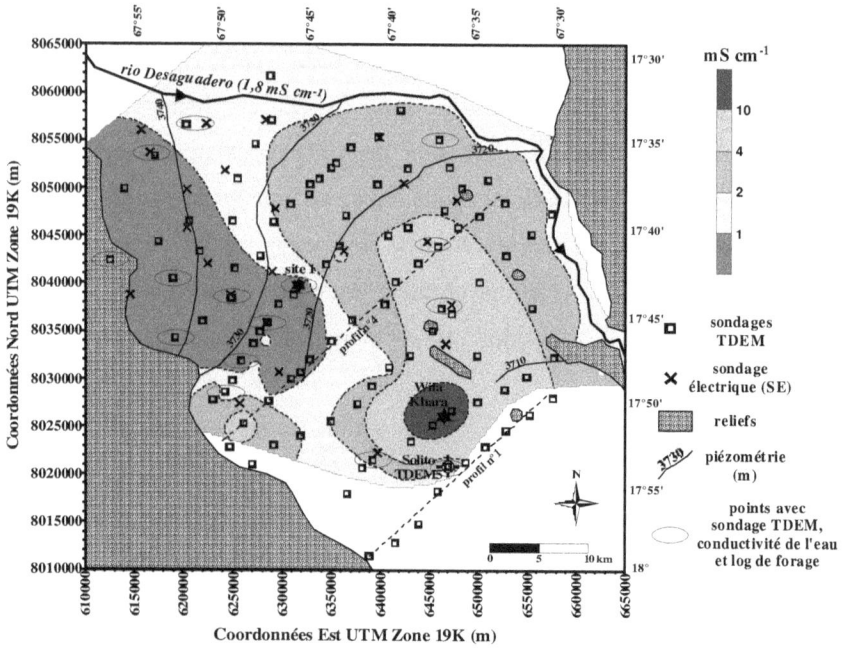

Figure 24 : Carte de conductivité électrique de l'eau dans les piézomètres et plan de position des mesures géophysiques sur l'Altiplano bolivien. Les ellipses indiquent les seize sites où log de forage, conductivité de l'eau et sondage TDEM sont disponibles

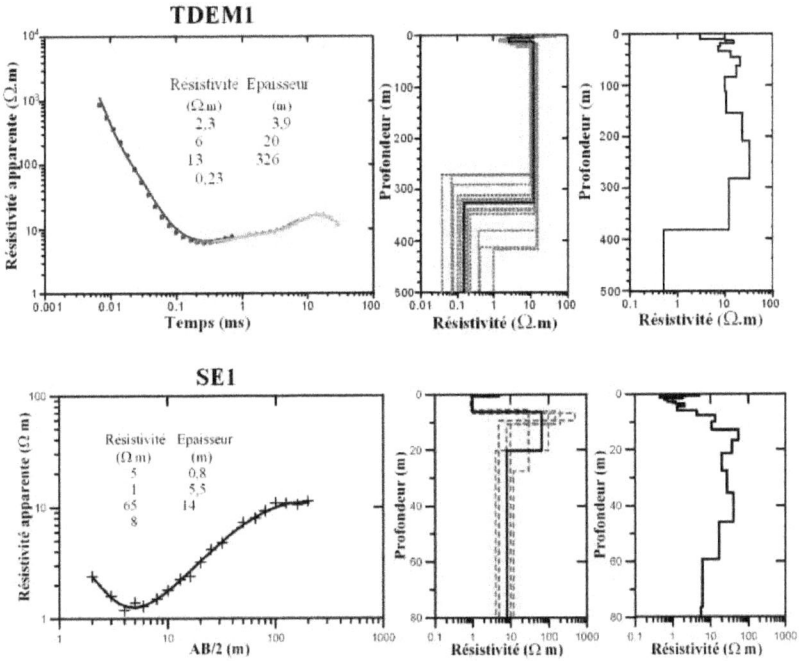

Figure 25 : Comparaison des résultats électrique et TDEM au site 1 (localisé sur la Figure 24) sur l'Altiplano bolivien

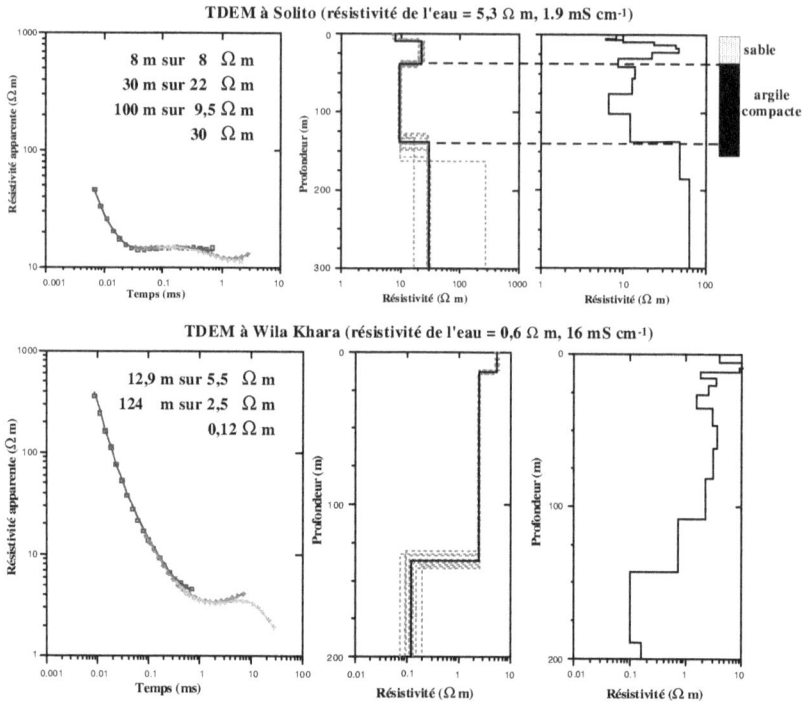

Figure 26 : Sondages TDEM à Solito (67°36,8' O - 17°53,7' S) et à Wila Khara (67°37' O – 17°50,8' S) (localisés sur la Figure 24) sur l'Altiplano bolivien : courbes de sondage, interprétation avec minimum de terrains et équivalences, interprétation lissée avec épaisseur fixe

III.D.3) Résultats

L'interprétation de l'ensemble des sondages TDEM (Figure 28) permet de dégager les gammes de résistivité suivantes : 0,05-1 Ω m : argiles et saumures, 1-10 Ω m : argile et eaux salées, 10-50 Ω m : argiles et/ou sables (eaux moins salées ou douces). L'interprétation lissée permet de dresser des cartes de résistivité selon la profondeur représentées (Figure 29). En surface, les terrains plus résistants prédominent dans la partie ouest, et sont attribués à un aquifère peu ou pas salé au sein de sables argileux, passant rapidement vers l'est à des terrains de surface très argileux, dont la résistivité diminue vers le sud-est, alors que la conductivité des eaux augmente. Cet aquifère semble se prolonger vers le sud. En profondeur, la tendance majeure est l'approfondissement du substratum conducteur (et probablement imperméable) depuis une situation affleurante au sud-est, vers le nord-ouest où il atteint des profondeurs supérieures à 250 m.

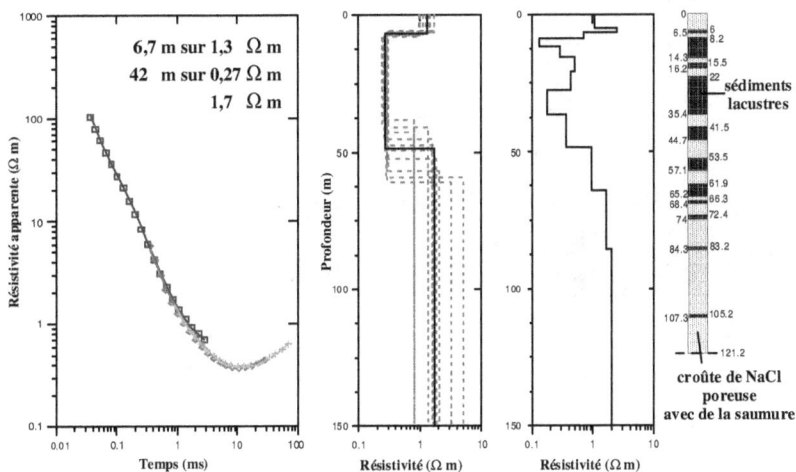

Figure 27 : Sondage TDEM au Salar d'Uyuni (67°37,3' O - 20°8,6' S), localisé sur la Figure 24, sur l'Altiplano bolivien : courbes de sondage, interprétation avec minimum de terrains et équivalences, interprétation lissée avec épaisseur fixe

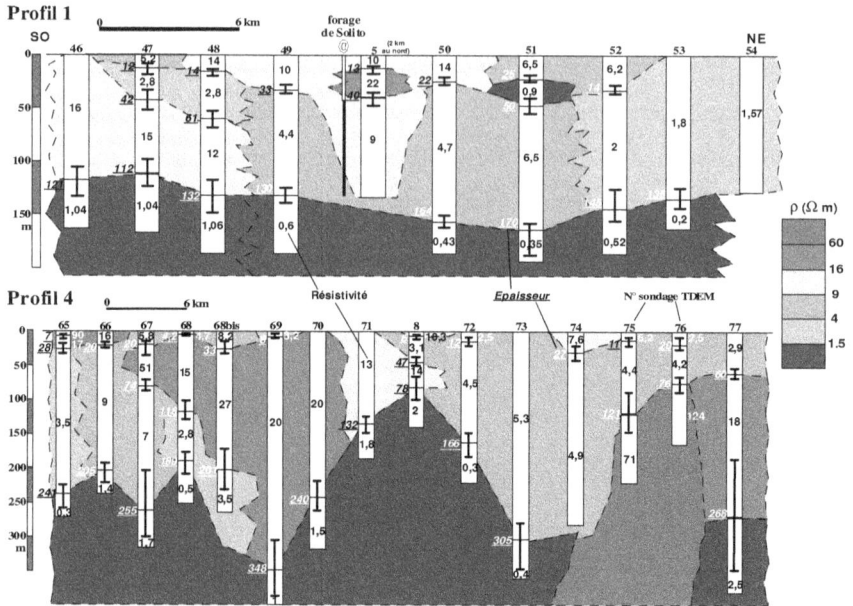

Figure 28 : Coupes géoélectriques issues des interprétations des sondages TDEM le long des profils 1 et 4 (positionnés sur la Figure 24) sur l'Altiplano bolivien. L'échelle verticale est exagérée par rapport à l'échelle horizontale

Les premiers résultats de la prospection TDEM confirment l'intérêt de la méthode pour reconnaître les terrains conducteurs de ce bassin versant sur des épaisseurs de plus de 250 m pour des dispositifs peu étendus en surface, ce qui réduit le temps de prospection. L'aquifère de surface le moins salé est repéré à l'ouest de la zone. Le substratum reconnu par les sondages est très conducteur et devrait former une limite à la circulation des eaux souterraines, limite dont la géométrie pourra être intégrée dans le programme de modélisation des écoulements des eaux souterraines.

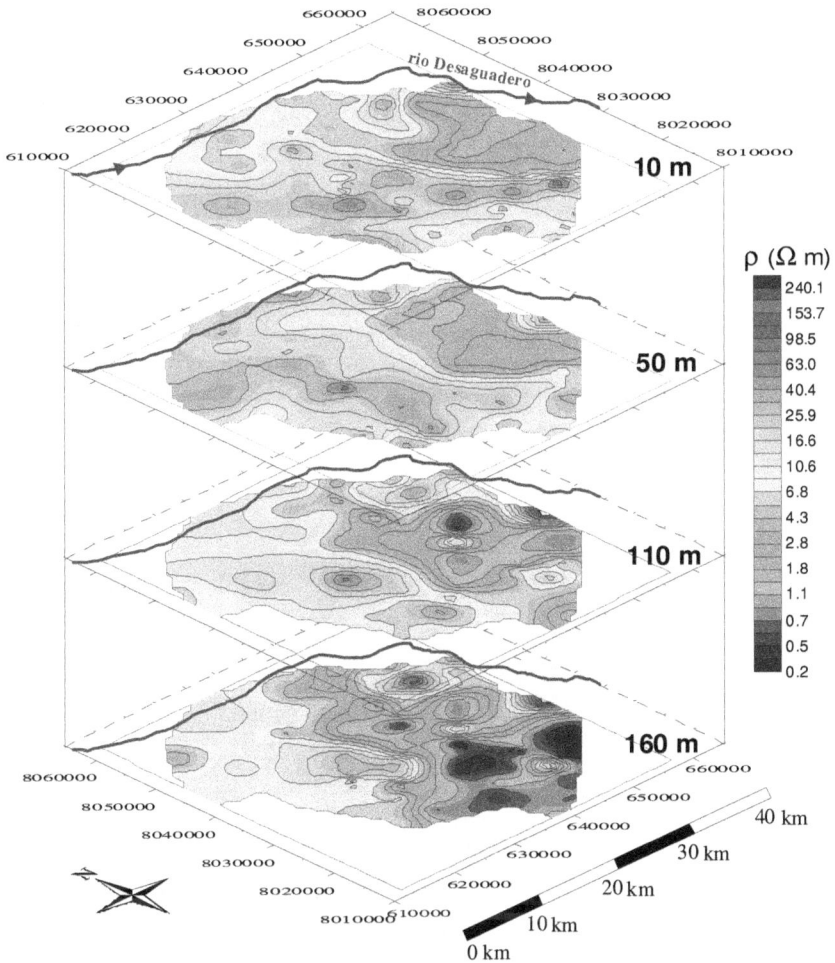

Figure 29 : Carte d'iso-résistivités à différentes profondeurs d'après l'interprétation
lissée sur l'Altiplano bolivien

Sur la base des résistivités obtenues à partir de l'interprétation de sondage TDEM et
des données de conductivité électrique de l'eau souterraine, un abaque (Figure 30) a
pu être construit permettant l'identification des formations du sous-sol (Figure 31).
Les résistivités des formations aquifères, sur-incombantes d'un substratum

conducteur constitué d'argile et/ou de formations saturées par de la saumure (interface entre 75 et 350 m de profondeur), décroissent du nord au sud, de l'ouest vers l'est, et des faibles vers les grandes profondeurs. Un chenal situé dans la partie ouest, dont l'étendue se rétrécit en allant vers le sud, semble être le chemin d'évacuation de l'eau souterraine vers le sud. Néanmoins cet exutoire est limité par un « bouchon » hydraulique. En effet, un terrain conducteur, d'un point de vue électrique, a été identifié comme de très faible perméabilité et saturé en saumure.

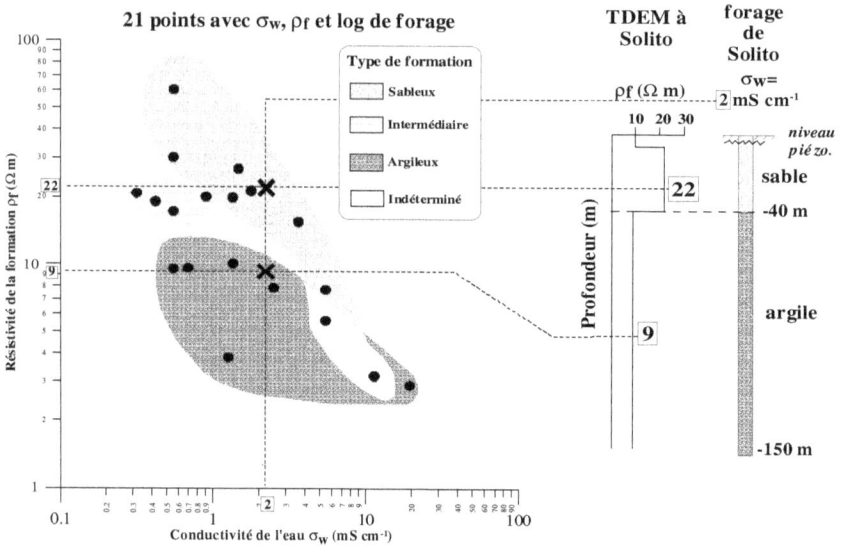

Figure 30 : Relation entre la résistivité des formations et la conductivité de l'eau pour différentes natures de roche sur l'Altiplano bolivien. Le graphe de droite correspond à l'interprétation du sondage TDEM contraint par le log géologique du forage de Solito

III.D.4) Conclusion

Finalement, la prospection TDEM a permis de proposer un nombre limité de « jeux » possibles de l'évolution spatiale de l'épaisseur de l'aquifère qui varie de 10 à 250 m et de mettre en évidence un niveau extrêmement conducteur en profondeur (identifié

comme de très faible perméabilité et saturé de saumure) et sur une grande surface de
la zone étudiée.

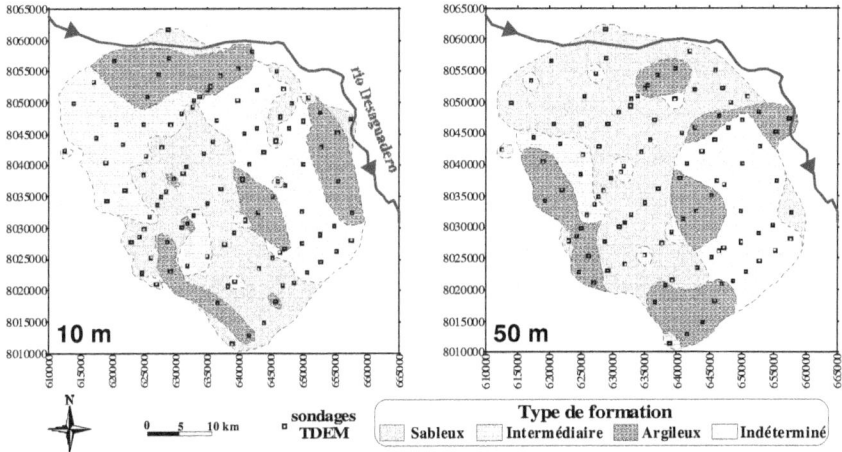

Figure 31 : Cartes des types de formation à 10 et 50 m de profondeur sur l'Altiplano
bolivien. Ces cartes sont déduites des cartes de résistivité lissée à 10 et 50 m de
profondeur (Figure 29), de la carte de conductivité électrique de l'eau (Figure 24) et
de l'abaque (Figure 30)

III.E) Glacier

Les mesures géophysiques sur glacier (principalement radar) sont nombreuses. Weber et Andrieux (1970) ont montré que le radar permet de déterminer l'épaisseur de glace d'une banquise. Hamran *et al.* (1996) différencient les parties froides et tempérées et estiment le contenu en eau d'un glacier du Spitzberg à l'aide du radar. Levato *et al.* (1999) appliquent des traitements à des données sismiques (déconvolution et migration) pour obtenir une image précise du fond d'un glacier alpin. Moorman et Michel (2000) identifient la structure détaillée d'un glacier (tunnel…) dans des sections radar.

III.E.1) Prospection sur le glacier de Chacaltaya

Nous avons réalisé en 1998 (Marc DESCLOITRES de l'IRD et moi-même) une prospection radar avec l'équipe GreatIce de l'IRD (à l'époque coordonné par Pierre RIBSTEIN) dans le cadre du DEA d'Edson RAMIREZ, afin de déterminer la topographie du fond du glacier de Chacaltaya (Ramirez *et al.*, 2001). Situé dans la cordillère royale en Bolivie à la latitude 16°S entre les altitudes 5050 et 5275 m, ce glacier domine la ville de La Paz et constitue, par sa petite taille, un témoin idéal pour évaluer l'influence des variations climatiques sur les bilans de masse de tous les glaciers environnant cette capitale. Ces glaciers représentent en effet environ 70% de l'alimentation en eau potable de la ville. La Figure 32 présente l'évolution de la surface du glacier de Chacaltaya depuis 1850.

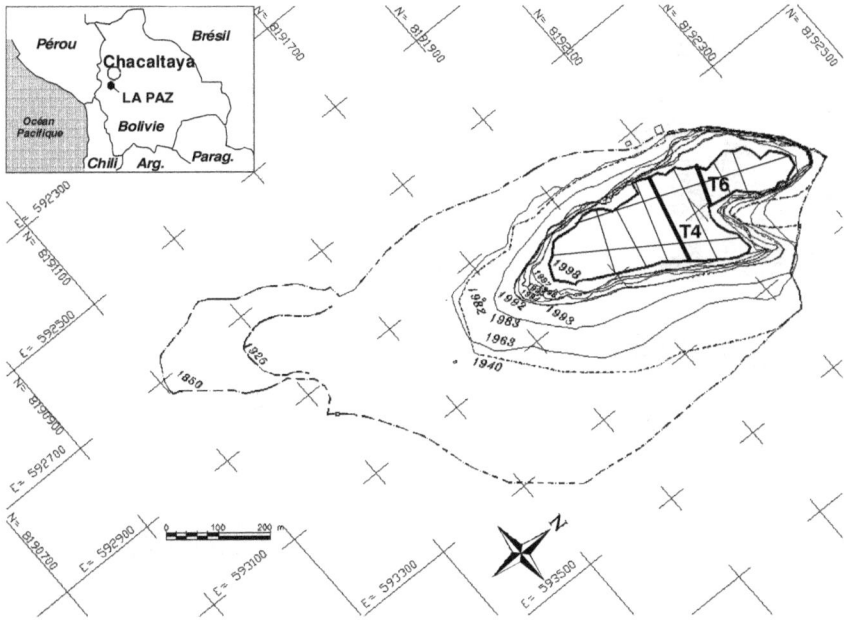

Figure 32 : Evolution de la surface du glacier de Chacaltaya depuis 1850 avec positionnement des profils radar (d'après Ramirez, 1999)

La détermination précise de son épaisseur prend dans ce contexte une signification particulière. « Jusqu'à quand pourra-t-on compter sur ce glacier, et ses voisins, pour alimenter en eau la ville et les retenues des centrales hydroélectriques ? » est une des questions à laquelle tentent de répondre les glaciologues dans le cadre de la réponse des glaciers situés sous les Tropiques au changement global et à la variabilité du climat. Une prospection radar comportant dix profils : deux longitudinaux et huit transversaux, nous a permis de cartographier le fond du glacier (Figure 33).

La vitesse dans la glace a été estimée par traitement (migration). Elle est de 0,155 m ns^{-1}, avec une incertitude estimée à 0,005 m ns^{-1}. La profondeur maximum de la roche est repérée sur les profils recoupant le centre du glacier, et est de 16 m. Aucune réflexion " parasite " ne vient perturber l'image, bien que certains profils fassent apparaître des crevasses ponctuellement.

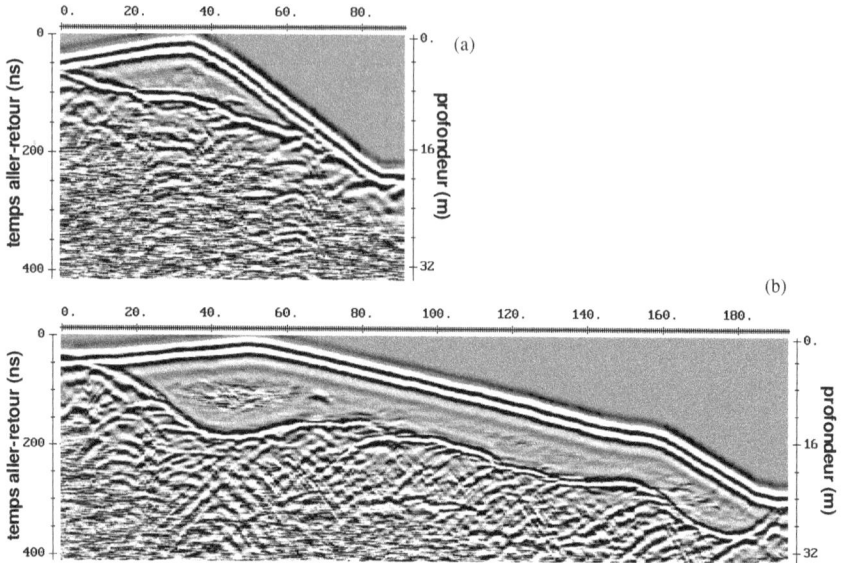

Figure 33 : Exemples des profils radar à 50 MHz, transversaux (a) T6 et (b) T4 sur le glacier de Chacaltaya (localisés sur la Figure 32)

Les erreurs sur la détermination de la profondeur peuvent avoir plusieurs origines : géométriques (trajet des ondes déformé), graphiques (mauvaise estimation de l'arrivée d'énergie), intrinsèques à la fréquence utilisée, ou dues à une mauvaise détermination de la vitesse. Pour cette prospection, nous avons estimé l'erreur possible à +/- 0,5 m.

III.E.2) Résultats

Le pointé de la réflexion sur les radargrammes permet de construire une carte d'épaisseur du glacier. Connaissant la topographie de surface et l'épaisseur selon un pas régulier en distance le long des profils, il s'agit de transcrire les coordonnées relatives des points de mesure dans le système de cordonnées principal des topographes. La carte d'épaisseur présentée sur la Figure 34 est le résultat de ce traitement. Elle fait clairement apparaître un épaississement du glacier dans la partie centrale et le ressaut du bedrock à l'aval. Le volume total de glace est estimé à 420 000 m^3 +/- 25 000.

Le glacier a fait l'objet de relevés topographiques chaque année depuis 1992, et pour les dates plus anciennes que 1992, de reconstitution à partir de photographies aériennes (1940, 1963, 1982, 1983) et du relevé de la moraine du Petit Age de Glace (1850). Pour les années 1992 à 1995, le relief du glacier a été reconstitué à partir des variations d'épaisseur estimées par des balises réparties sur la surface du glacier qui fournissent une information sur le bilan de masse local mais aussi sur la variation du relief dans le temps et l'espace. A partir de ces données, un modèle numérique de terrain (MNT) a été établi pour connaître l'évolution du volume du glacier. Le glacier de Chacaltaya a beaucoup reculé depuis le Petit Age de Glace (surface estimée en 1850 : 0,527 10^6 m^2). Actuellement, il n'existe pas de zone permanente d'accumulation. Si nous considérons le bilan de la période (1963-1998) et sachant que l'épaisseur maximum est de 16 m, le glacier peut disparaître dans environ 20 ans. En revanche, si nous considérons le bilan de la période 1992-1998 (marqué par l'événement El Niño de 1997), le glacier peut disparaître en moins de 6 ans. A l'heure actuelle, le glacier a fortement fondu et la partie sommitale s'est dissociée de la partie avale.

III.E.3) Conclusion

Alors que les glaciologues utilisent généralement des radar assez rudimentaire déterminant l'épaisseur de glace en un seul point, pour positionner de futures forages de glace, nous avons ici déterminé le volume du glacier, et à partir de donner de bilan de masse nous avons pu prédire la disparition du glacier.

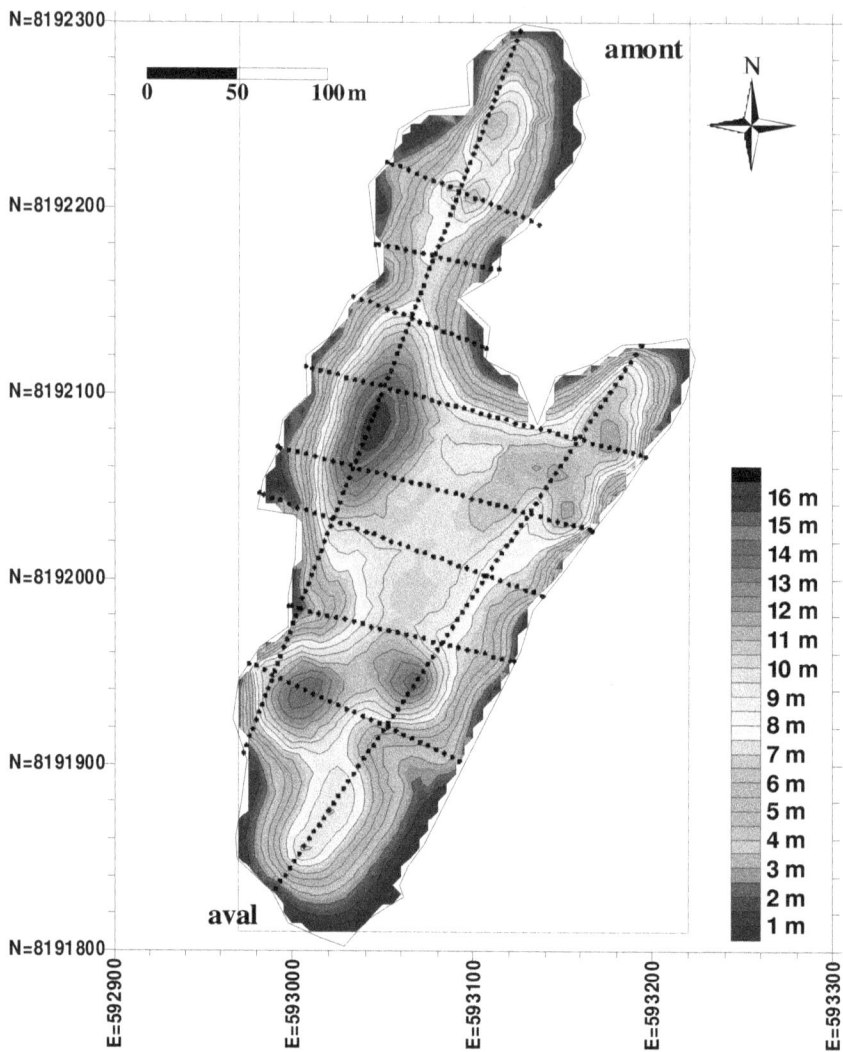

Figure 34 : Carte d'épaisseur du glacier de Chacaltaya

IV) Axes méthodologiques

Quatre types d'activité se trouvent regroupés dans cette partie :
- la définition, la construction et la mise au point d'appareillages,
- la définition et l'implémentation de nouvelles méthodes de traitement des données,
- la modélisation (problèmes direct et inverse),
- l'étude des relations propriétés physiques – paramètres hydrodynamiques, qui associe expérience (à plusieurs échelles) et modélisation.

Si l'on se limite au domaine de l'hydrogéophysique, on peut noter à côté de l'effort réalisé par le BRGM pour faire aboutir la RMP (Legchenko *et al.*, 2002), le remarquable travail de l'équipe danoise de l'Université d'Aarhus pour développer des méthodes rapides de cartographie et de sondage électrique et TDEM (Christensen et Sørensen, 1998 : système de sondage et de traîné PACE, 'pulled array continuous electrical' ; Christiansen et Christensen, 2003, et, Danielsen *et al.*, 2003 : système TDEM traîné par un tracteur ou héliporté pour étudier des vallées sédimentaires fossiles). Goldman *et al.* (1996) ont eux adapté un système TDEM flottant employé pour l'étude de la salinité du lac de Tibériade. Le Centre Hydrogéologique de Neuchâtel (avec des systèmes électromagnétiques VLF et slingram ; Bosch et Müller, 2001) et le Centre de Recherches Géophysiques (CRG) de Garchy (Panissod *et al.*, 1997, et, Panissod *et al.*, 1998, avec des systèmes électriques et électromagnétiques) ont été des groupes où le développement d'outil était une des orientations importantes de la recherche. L'UMR n°7619 Sisyphe a pris la succession du CRG de Garchy.

La modélisation dispose maintenant d'un ensemble quasi complet d'outils 3D. Rejiba *et al.* (2003) proposent un code pour le radar mais qui peut s'adapter à la sismique, à l'électromagnétisme fréquentielle, à la TDR. L'interprétation des données bénéficie aussi d'analyse de plus en plus fine, ainsi Hoffmann et Dietrich (2004) contraignent l'inversion de données de tomographie électrique à partir de sondages électriques.

Pour les milieux superficiels, l'étude des relations propriétés physiques – paramètres hydrodynamiques est très en retard sur ce qui a pu être réalisé pour le pétrole, mais les pistes sont nombreuses.

IV.A) Méthode électromagnétique VLF-résistivité

La méthode VLF-résistivité (ou MT-VLF) est une méthode électromagnétique à source lointaine utilisant les émetteurs radio de la gamme 'very low frequency' (VLF) entre 10 et 30 kHz (McNeill et Labson, 1991). Avec cette méthode, on dispose d'une profondeur d'investigation qui dépend de la résistivité électrique du terrain mais qui reste couramment de l'ordre de quelques dizaines de mètres. Le champ primaire rayonné par ces émetteurs, polarisé géométriquement suivant la direction de l'émetteur, à deux composantes : l'une électrique verticale, l'autre magnétique horizontale Hy perpendiculaire à la direction de propagation (direction de l'émetteur). L'induction dans le sol engendre une composante électrique horizontale dans la direction de propagation Ex. Si le sol n'est pas tabulaire, les autres composantes apparaissent, en particulier une composante magnétique verticale. On peut cartographier la résistivité électrique apparente à partir du rapport Ex/Hy (formule de la magnétotellurique : $\rho_a = \dfrac{1}{\omega\mu}\left|\dfrac{Ex}{Hy}\right|^2$), d'où la dénomination pour ce type de mesure : VLF-résistivité ou MT-VLF.

IV.A.1) Appareil

Différentes solutions ont été proposées pour la mesure de la composante électrique horizontale dans la direction de l'émetteur : capteur long (5 à 10 m) utilisant de petites électrodes de type galvanique ou capacitif. Néanmoins, aucune de ces solutions ne présente une maniabilité suffisante pour être mise en œuvre par un seul opérateur. Nous avons proposé un capteur court (1 m) de type galvanique (Figure 35) que j'ai testé et validé (Guérin, 1992).

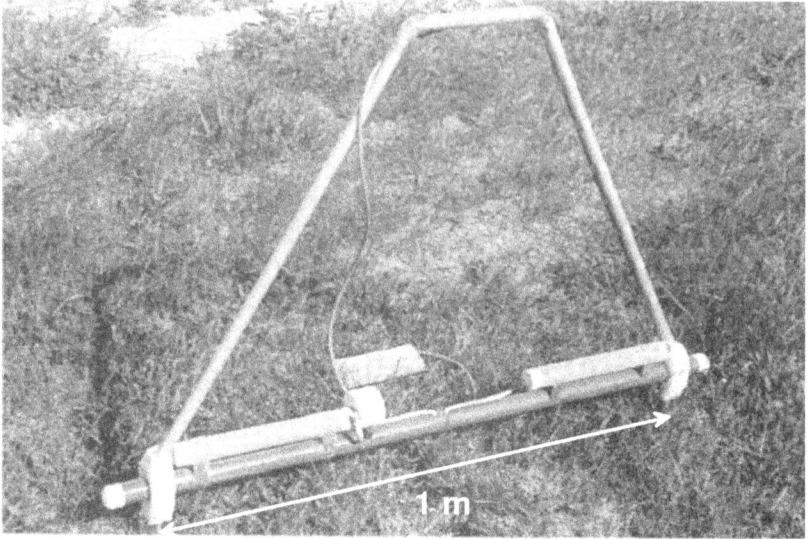

Figure 35 : Appareil MT-VLF avec un dipôle électrique de 1 m conçu au CRG de Garchy

En effet les mesures capacitives ne sont pas adaptées : la composante électrique verticale est 30 à 100 fois plus forte dans l'air que la composante électrique horizontale alors qu'elle est 300 à 1000 fois plus faible dans le sol (Tabbagh *et al.*, 1991). Le capteur magnétique est constitué par la boucle dans le cadre.

IV.A.2) Traitement

La principale difficulté que rencontre l'interprétation des résultats obtenus avec cette méthode est l'anisotropie apparente introduite par la polarisation du champ primaire. Cet effet produit une déformation de l'allure des anomalies qui tend à orienter les isovaleurs perpendiculairement au champ électrique horizontal.

Le site test du « mur » de Garchy renferme sur une surface de 30 m sur 50 m trois structures représentatives : (i) un contact d'azimut N30° entre un récif calcaire (du Bathonien-Bajocien) résistant (sous une vingtaine de centimètres) et des marnes conductrices, (ii) un mur artificiel résistant de section 1 m sur 1 m et long de 10 m d'orientation nord-sud (dont le toit est à environ 20 cm de profondeur), et (iii) un ancien câble électrique enterré à 82 cm de profondeur, d'orientation N60°, recouvert par un grillage de protection à 50 cm de profondeur et du sable correspondant à la tranchée d'enfouissement du câble. Des prospections VLF à maillage fin (1 m x 1 m) ont été réalisées avec le capteur à dipôle électrique court (Guérin *et al.*, 1994a), avec trois émetteurs d'orientation différente : 15,1 kHz de direction N240° (émetteur français de Châteauroux-Le Blanc-Rosnay), 16,8 kHz de direction N355° (émetteur français de Sainte Assise-Melun) et 20,27 kHz de direction N150° (émetteur italien de Rome-Tavolara-Sardaigne). L'émetteur 20,27 kHz montre le bord du récif et le mur dont les directions d'allongement sont pratiquement perpendiculaires à la direction du champ primaire électrique (*i.e.* direction de l'émetteur), en revanche le câble étant suivant la direction du champ primaire magnétique (*i.e.* perpendiculaire à la direction de l'émetteur) n'est pratiquement pas visible (Figure 36c). L'émetteur 15,1 kHz laisse bien observer, quant à lui, le câble par une grande trace conductrice correspondant à la réponse du champ magnétique à la présence du conducteur allongé ; le mur est visible et la bordure du récif un peu effacée (Figure 36a). L'émetteur 16,8 kHz estompe chacune des anomalies (Figure 36b). Chacun de ces émetteurs met en évidence plus ou moins bien l'une des trois anomalies suivant leur azimut et celle de l'émetteur. Le câble canalise le courant électrique et produit une augmentation du champ magnétique, d'où une diminution de la résistivité électrique apparente. Les deux autres structures donnent des réponses galvaniques d'autant plus marquées que la direction du champ primaire électrique est proche de la perpendiculaire à leurs orientations.

Lors de prospection de VLF-résistivité, il est recommandé d'utiliser deux émetteurs aussi perpendiculaires l'un à l'autre que possible pour pouvoir interpréter correctement les anomalies détectées. Nous avons mis au point des traitements pour corriger l'effet d'anisotropie apparente.

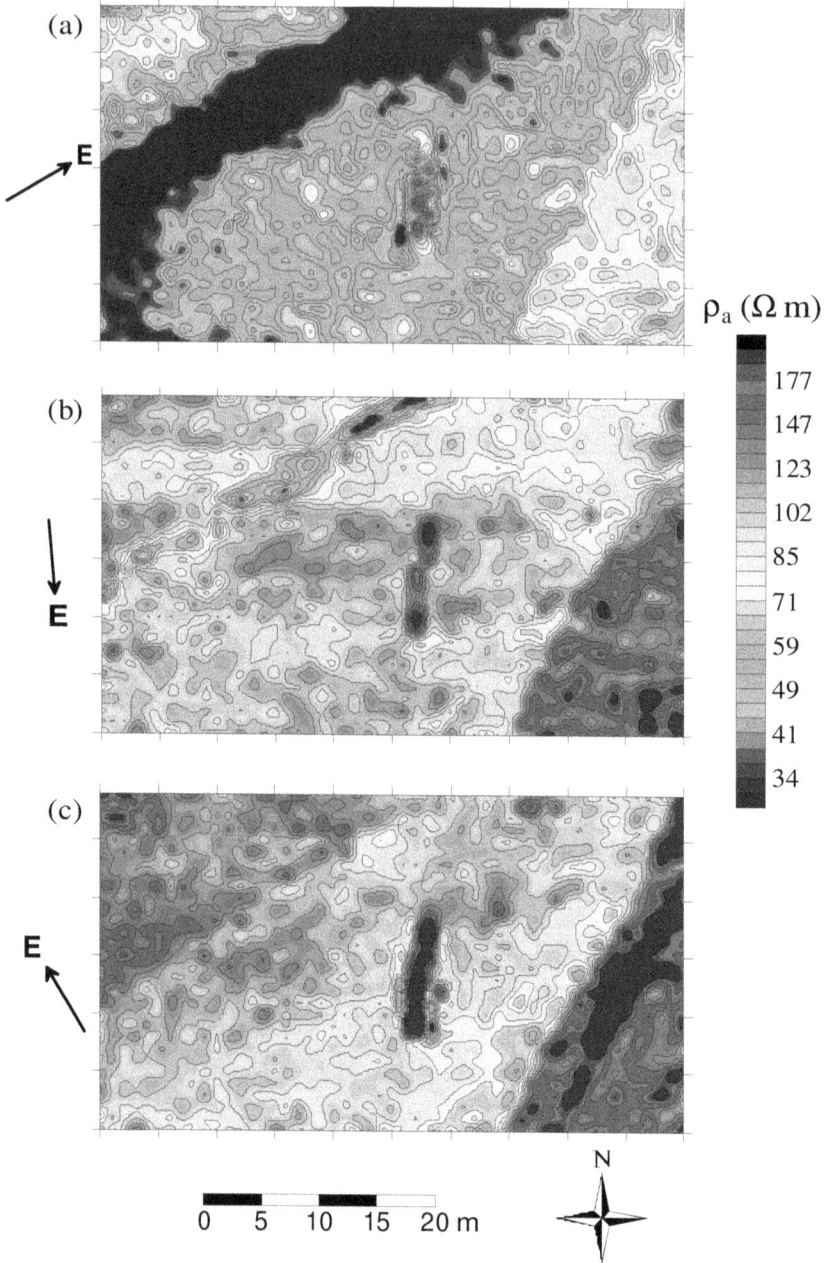

Figure 36 : Carte de résistivité électrique apparente VLF avec les émetteurs (a) 15,1 kHz, (b) 16,8 kHz, et (c) 20,27 kHz sur le « mur » de Garchy

Verticalisation

La verticalisation du champ électrique horizontal (Guérin *et al.*, 1994a) peut être utilisée pour corriger cet effet. Cette transformation qui s'inspire de la réduction au pôle proposée en magnétisme, consiste à calculer les résultats que l'on aurait si le champ électrique dans le sol (celui de l'émetteur VLF) avait été vertical et donc latéralement isotrope, afin de rendre les données de résistivité apparente horizontalement isotropes. Néanmoins, il faut noter qu'un champ électrique primaire vertical dans le sol n'est pas physiquement possible : la continuité du courant impose en effet une composante électrique verticale nulle. Cela ramène au fait que la convolution de la réduction au pôle n'est pas considérée comme viable par Baranov et Naudy (1964) quand le champ primaire est trop proche de l'horizontale (mesuré à l'équateur). Aussi pour effectuer ce filtrage, le passage au domaine fréquentiel par transformée de Fourier est utilisé. Néanmoins le calcul dans l'espace de Fourier nécessite des précautions et des handicaps : échantillonnage des données suffisant, grille de mesure aussi régulière que possible (anisotropie et zone masquée peuvent être à l'origine d'oscillation).

Le potentiel dû à un contraste de résistivité électrique (*i.e.* dû à un dipôle) est du type :

$$V = k\overrightarrow{M}.\overrightarrow{grad}\,\frac{1}{r}$$

Où M est le moment du dipôle et r la distance entre le dipôle et le point d'observation.

Si le champ primaire électrique est suivant x, alors le champ secondaire électrique peut s'écrire :

$$-\frac{\partial V}{\partial x} = -|M|.\frac{\partial^2(1/r)}{\partial x^2}$$

Si le champ primaire avait été vertical, le champ secondaire aurait eu pour expression :

$$-|M|.\frac{\partial^2(1/r)}{\partial z^2}$$

et comme le potentiel est harmonique, son laplacien est nul, et l'expression précédente devient :

$$+|M|.\frac{\partial^2(1/r)}{\partial x^2}+|M|.\frac{\partial^2(1/r)}{\partial y^2}$$

L'opération à réaliser pour « verticaliser » revient donc à d'abord intégrer deux fois suivant la direction de l'émetteur (*i.e.* dans l'espace de Fourier, à diviser par : $-4\pi u^2$) puis à dériver deux fois suivant la verticale (*i.e.* dans l'espace de Fourier, à multiplier par : $4\pi(u^2+v^2)$). L'opérateur dans le domaine fréquentiel est donc égal à :

$$-\frac{u^2+v^2}{u^2}$$

qui peut être généralisé dans le cas d'un champ primaire horizontal suivant une direction quelconque, par :

$$-\frac{u^2+v^2}{(iul+ivm)^2}$$

où l et m sont les cosinus directeurs de la direction de l'émetteur.

La verticalisation des données VLF obtenues avec l'émetteur 18,3 kHz sur le karst de Corvol d'Embernard (Figure 37) permet de confirmer la direction de fracturation détectée sur la carte de données brutes (cf. *supra* III.B.1, Figure 12).

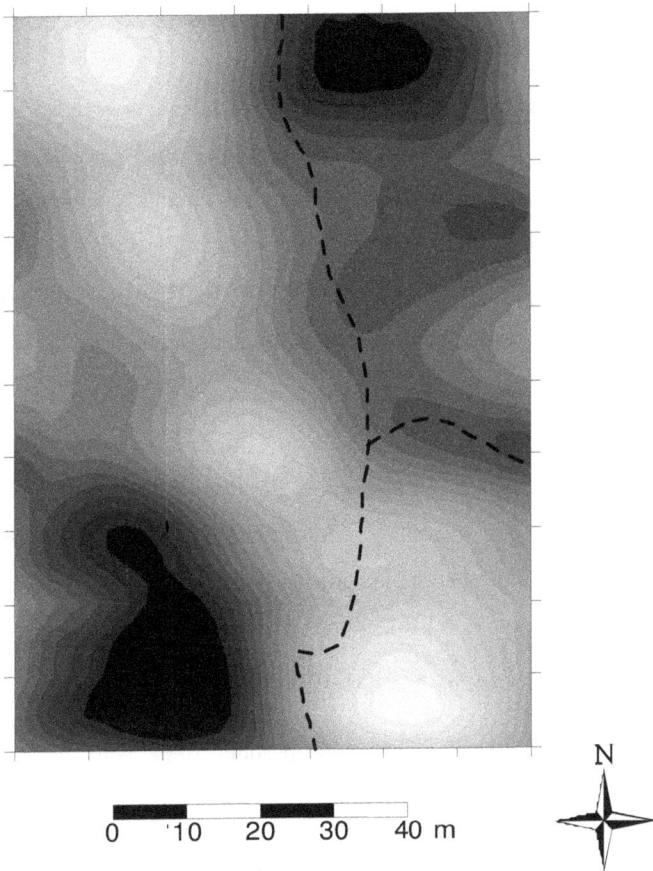

Figure 37 : Verticalisation de la carte de résistivité électrique apparente VLF de l'émetteur 18,3 kHz sur le karst de Corvol d'Embernard (cf. Figure 12). Le trait en pointillé représente le tracé du conduit

Invariant

Dans le domaine de la magnétotellurique tensorielle, Berdichevsky et Dmitriev (1976) ont proposé des invariants indépendants de la polarisation du champ primaire. Le tenseur d'impédance reliant les composantes électriques et magnétiques est tel que :

83

$$\begin{pmatrix} Ex \\ Ey \end{pmatrix} = \begin{pmatrix} Zxx & Zxy \\ Zyx & Zyy \end{pmatrix} \begin{pmatrix} Hx \\ Hy \end{pmatrix}$$

où x et y sont des directions quelconque. Dans le cas d'un sous-sol tabulaire, le tenseur est antidiagonal ($Zxx = 0 = Zyy$ et $Zxy = -Zyx$). Dans le cas 2D, les directions principales de la structure (celle d'allongement et la direction perpendiculaire) sont recherchées par rotation en minimisant les composantes Zxx et Zyy. Alors, plusieurs expressions sont invariantes ainsi que toutes combinaisons de ces invariants, quelle que soit la rotation, par exemple le déterminant ($(ZxxZyy - ZxyZyx)^{1/2}$), l'antitrace ou invariant de Berdichevsky ($(Zxy - Zyx)/2$) et la trace ($(Zxx + Zyy)/2$) du tenseur d'impédance.

En prospection VLF-résistivité, l'utilisation de deux émetteurs perpendiculaires permet de d'introduire ces invariants. En supposant que la fréquence des deux émetteurs est la même (elle est au moins proche, puisque la gamme VLF est restreinte entre 10 et 30 kHz), la mesure VLF classique avec le premier émetteur correspond à $\rho_{axy} = \frac{1}{\omega\mu}(Zxy)^2$ (« x » correspond à la direction de ce premier émetteur) tandis que le second émetteur choisi perpendiculaire au premier (donc suivant « y ») fournit $\rho_{ayx} = \frac{1}{\omega\mu}(Zyx)^2$. Alors les deux invariants : $\rho_a^I = \left(\dfrac{\sqrt{\rho_{axy}} + \sqrt{\rho_{ayx}}}{2} \right)^2$ et $\rho_a^{II} = \sqrt{\rho_{axy} \cdot \rho_{ayx}}$ peuvent être utilisés (Guérin *et al.*, 1994b). L'extension de leurs utilisations peut être faite pour des émetteurs non exactement perpendiculaires.

La parcelle du Gué Goujard n°5 (Nièvre) est un site cultivé. Elle se situe en fond de vallée avec un sol tourbeux d'environ 1 m d'épaisseur développé en raison de la proximité de la rivière. Deux cartes de résistivité électrique apparente VLF montrent un découpage en deux zones : l'une conductrice à l'est, l'autre résistante à l'ouest qui s'interprète par une faille (Figure 38). L'anomalie due à cette faille est la mieux marquée avec l'émetteur 18,3 kHz puisqu'elle est pratiquement perpendiculaire au champ primaire électrique. Le calcul des invariants permet de prouver que le changement de résistivité dans cette orientation n'est pas un artefact d'anisotropie apparente (Figure 39).

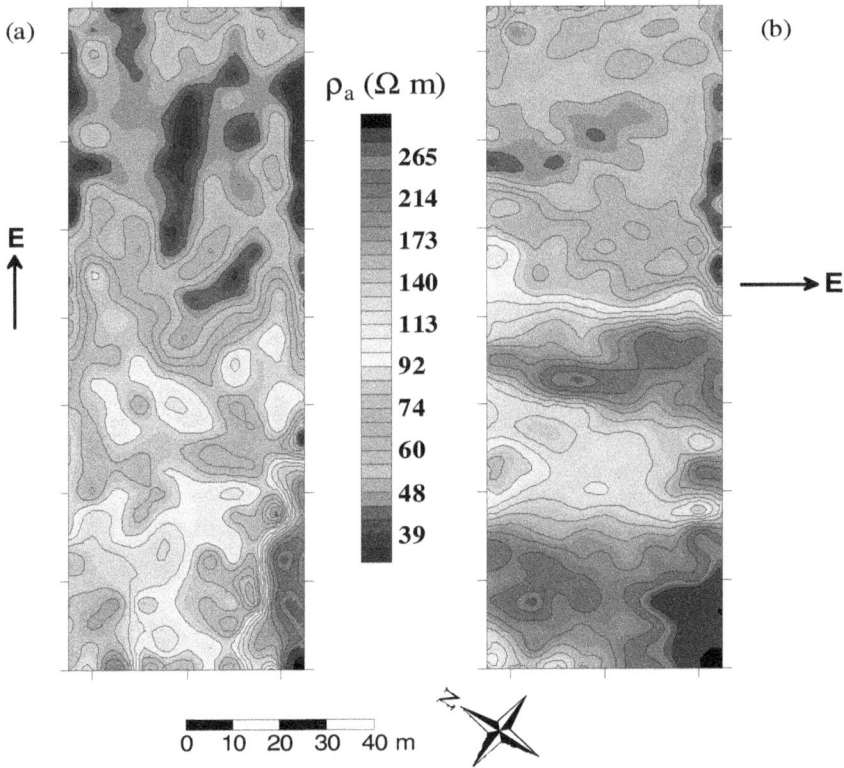

Figure 38 : Cartes de résistivité électrique apparente VLF avec les émetteurs (a) 16,8 kHz et (b) 18,3 kHz sur le site du Gué Goujard n°5

IV.A.3) Conclusion

La méthode électromagnétique VLF-résistivité est intéressante pour sa profondeur d'investigation généralement importante, mais les mesures sont sujettes à perturbation : sensibilité à des hétérogénéités superficielles et anisotropie apparente. L'appareil développé au cours de ma thèse et les traitements de données que j'ai mis au point, montre que ces mesures peuvent être d'une part employées avec un pas d'échantillonnage spatial suffisamment fin pour pouvoir filtrer les effets des hétérogénéités superficielles, d'autre part corrigées avec un filtrage pour ôter l'effet de polarisation du champ primaire.

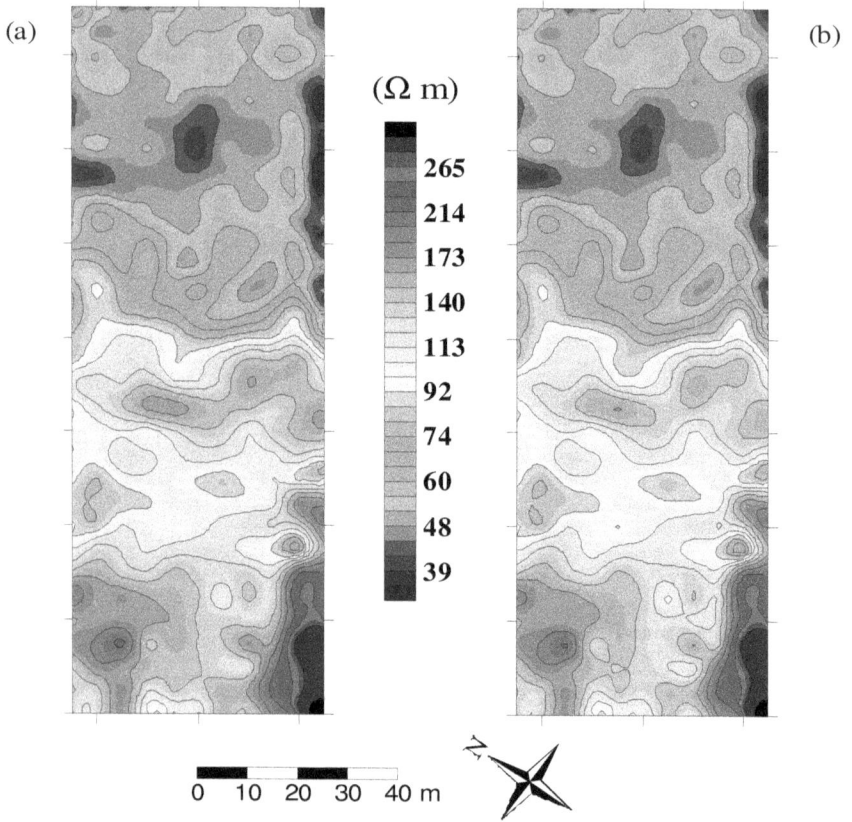

Figure 39 : Carte des invariants (a) ρ_a^I et (b) ρ_a^{II} sur le site du Gué Goujard n°5

IV.B) Inversion 1D approchée

IV.B.1) Concept et caractéristiques

La pratique montre que dans bien des cas, l'interprétation avec un modèle 3D ne se justifie pas et que les variations latérales de résistivité sont suffisamment lentes par rapport aux variations verticales pour que l'interprétation avec des modèles 1D soit pertinente. Il a été donc logique de développer pour l'interprétation des cartographies des procédures spécifiques d'inversion 1D permettant, à partir de quelques sondages, de transformer une ou plusieurs cartes de résistivité apparente en une carte de variation d'un ou plusieurs paramètres, par exemple épaisseur d'une couche de sédiment fin sur du gravier en milieu alluvial.

La méthode électrique à courant continu est une des techniques les plus employées pour la prospection du proche sous-sol. Désormais, les tomographies 2D et 3D existent pour décrire la géométrie d'objet 2D et 3D. Néanmoins, les techniques 1D restent pratiques et efficaces dans de nombreux cas. Quand les variations de résistivité sont lisses, une inversion 1D, appelée inversion 1D approchée, peut être utilisée dans certaines conditions (Meheni *et al.*, 1996). Ces conditions dépendent de la configuration du quadripôle utilisé et donnent différentes largeurs de zone de transition à partir de laquelle l'approximation est valable, différents effets d'anisotropie et différentes gammes de restitution des valeurs de résistivité. Dans tous les cas, l'approximation 1D est valide si la taille de la structure 3D est plus grande que le maillage d'échantillonnage. Si l'extension latérale d'une structure horizontale est égale ou plus grande que la longueur du dispositif de mesure (trois fois l'écartement inter-électrode pour les deux dispositifs), nous pouvons utiliser l'inversion 1D approchée. La zone de transition est plus petite et l'effet d'anisotropie moins prononcé pour le dispositif Wenner-β que pour le dispositif Wenner-α (qui sont les deux configurations les plus employées en traîné électrique). L'utilisation conjointe des mesures pour différentes configurations permet d'atteindre des inversions de meilleure qualité.

La méthode électromagnétique slingram est un outil privilégié pour des études hydrogéologiques et environnementales. Le critère approprié pour une analyse 1D approchée est que la taille de la structure 3D soit plus grande que la distance entre les bobines réceptrice et émettrice (Guérin *et al.*, 1996).

IV.B.2) Exemple d'utilisation

Sur le site de la zone humide alluviale de Boulages (cf. *supra* III.C), une carte de conductivité électrique apparente slingram (Figure 21) et deux sondages électriques Wenner-α (Figure 40) ont été acquis. Les deux sondages électriques présentent une forme identique dont l'interprétation est la suivante : (i) la première couche de 21 cm d'épaisseur correspond au sol superficiel, la résistivité électrique au nord (sondage W1) est plus forte qu'au sud (sondage W2) car au sud le sol était cultivé, donc plus poreux et, à la période d'acquisition de ces sondages plus humide, (ii) la seconde couche conductrice (résistivité de 11 Ω m) présente une variation d'épaisseur qui semble être le seul paramètre variable sur la zone, indépendamment des conditions de culture, et (iii) le substratum est résistant (environ 100 Ω m). A partir de la carte slingram et des sondages électriques, une inversion 1D approchée a été calculée et montre les variations d'épaisseur de la couche argileuse sur la zone (Figure 41). Ces calculs ont été vérifiés par les deux forages pédologiques effectués sur les extrema de la carte de conductivité apparente (Figure 21) : 1,2 m au forage pédologique S1 par le calcul et la mesure, 0,12 m au forage S2 par le calcul alors qu'en réalité cette couche est absente.

IV.B.3) Conclusion

Cette inversion 1D approchée fournit donc un outil capable de transformer une cartographie d'un paramètre géophysique en information de géométrie d'une couche.

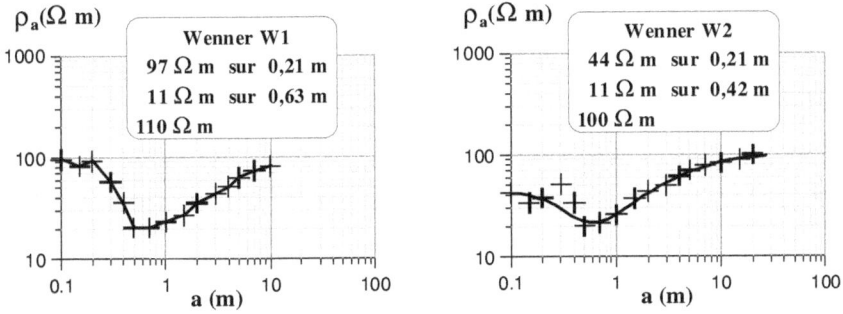

Figure 40 : Sondages électriques Wenner-α (positionnés sur la Figure 21) utiles à l'inversion 1D approchée de la conductivité électrique apparente (avec un modèle 3 couches où le seul paramètre variable est l'épaisseur de la 2ème couche), sur le site de Boulages

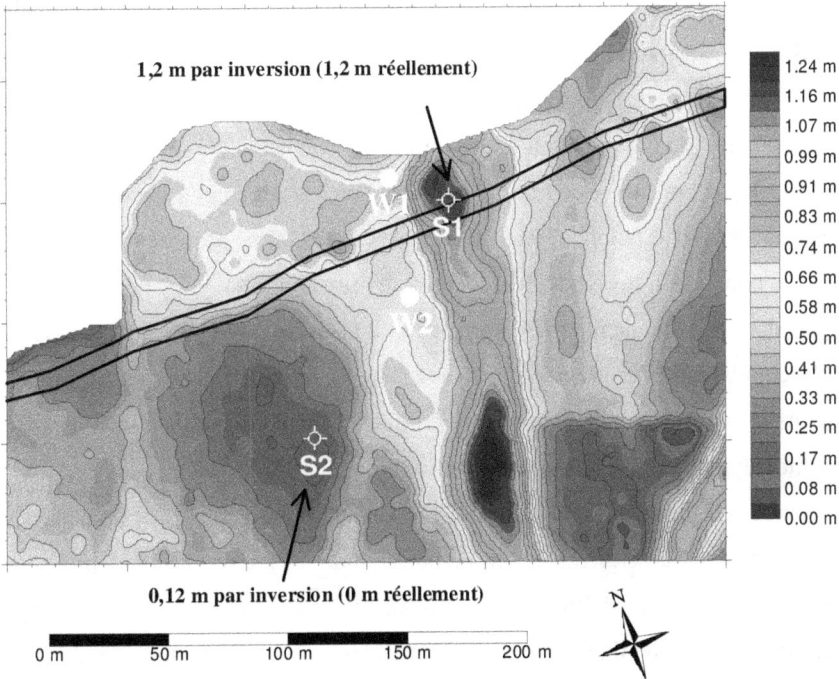

Figure 41 : Carte de l'épaisseur de la couche d'argile sur le site de Boulages

IV.C) Interprétation TDEM

Le TDEM est une méthode électromagnétique basse fréquence dans le domaine temporel où un champ électromagnétique transitoire se diffuse dans le sous-sol. Cette méthode a connu dans les 30 dernières années un grand développement car elle est bien adaptée à l'étude de la tranche de profondeur 20-300 m pour des cibles conductrices (mine pour l'exploration géophysique énergétique, et aquifère pour l'hydrogéologie). Les russes (Kaufman et Keller, 1983 ; Zhdanov et Keller, 1994), les anglophones (Fitterman et Stewart, 1986 ; Spies et Frischknecht, 1991) et les espagnols (Granda Sanz *et al.*, 1987) ont utilisé très tôt cette méthode, tandis qu'en France son emploi a été plus tardif. En effet, son développement a débuté grâce à la Compagnie Générale de Géophysique (CGG) et au Département de Géophysique Appliquée de l'Université Pierre et Marie Curie, sous l'impulsion de Pierre ANDRIEUX, et grâce au Laboratoire de Géophysique de l'IRD dirigé par Yves ALBOUY puis à l'UR Geovast de l'IRD dirigée par Henri ROBAIN. C'est en raison des problèmes de 'static shift' rencontrés en magnétotellurique (distorsion des courbes de résistivité électrique des sondages magnétotelluriques due à des hétérogénéités superficielles) que Pierre ANDRIEUX a proposé d'utiliser cette méthode pour caler le début des courbes de ces sondages. J'ai bénéficié de ces travaux dans le cadre de ma thèse portant sur la magnétotellurique à la CGG (Guérin, 1992), et puis depuis mon arrivée à l'Université j'ai travaillé à plusieurs reprises sur cette méthode avec des applications thématiques (Altiplano bolivien cf. *supra* III.D) et méthodologiques (cf. ci-dessous).

Les courbes de sondage TDEM ne sont pas toujours interprétables en ne considérant que la conductivité électrique ; et la polarisation électrique comme la viscosité magnétique doivent aussi être prises en compte. La viscosité magnétique joue un rôle déterminant si la taille du dispositif (diamètre équivalent de la boucle d'émission) est faible. Ceci a fait l'objet (Trigui et Tabbagh, 1990 ; Dabas *et al.*, 1992) et fait actuellement (thèse de Julien THIESSON) l'objet de recherche à l'UMR n°7619 Sisyphe.

L'influence de la polarisation électrique était en revanche complètement inconnue et j'ai travaillé en collaboration avec Marc DESCLOITRES pour expliquer les résultats obtenus sur le volcan Fogo d'une des îles du Cap Vert (Descloitres *et al.*, 2000).

Un autre problème important à traiter est celui de l'inversion simultanée de sondages électrique et TDEM qui permet de bénéficier des avantages de chacune des méthodes et de limiter leurs inconvénients. Des données acquises sur le glissement-coulée de Super Sauze montrent l'utilité de cette démarche pour définir les terrains qui glissent au-dessus d'un sol stable (Schmutz *et al.*, 2000).

IV.C.1) Modélisation des paramètres Cole-Cole

Nous avons écrit un code basé sur les transformées successives de Hankel et Laplace, pour le calcul d'une réponse à une structure tabulaire 1D. Cette réponse est calculée analytiquement dans le domaine fréquentiel, la fonction de transfert de la force électromotrice dans la boucle de réception est :

$$E(\omega) = -i\omega\mu_0\pi ab I(\omega)\int_0^\infty e^{-2\lambda d} J_1(\lambda a)J_1(\lambda b)\frac{\lambda(1+\kappa)-u}{\lambda(1+\kappa)+u}d\lambda$$

où ω est la pulsation (en Hz), μ_0 la perméabilité magnétique du vide ($4\pi\ 10^{-7}$ H m^{-1}), $I(\omega)$ la fonction de transfert du créneau d'injection de courant, J_1 la fonction de Bessel de premier type et du premier ordre, J_0 la fonction de Bessel de premier type et d'ordre 0, κ la susceptibilité magnétique et $u = \sqrt{\lambda^2 + i\sigma\omega\mu}$, avec $\mu = \mu_0(1+\kappa)$

La réponse dans le domaine temporel est calculée par le sinus ou le cosinus de la transformée de Laplace inverse :

$$e(t) = \frac{2}{\pi}\int_0^\infty R(E(\omega))\cos(\omega t)d\omega$$

où $R(E(\omega))$ est la partie réelle de $E(\omega)$, le calcul numérique de cette transformation est réalisé à l'aide de la transformée de Hankel.

Pour chaque couche, la conductivité électrique σ peut être complexe et être décrite avec la formule Cole-Cole (Cole et Cole, 1941 ; Pelton *et al.*, 1978) suivante dépendant de la fréquence :

$$\sigma = \sigma_0 \frac{1+(i\omega\tau)^c}{1+(1-m)(i\omega\tau)^c}$$

où σ_0 est la conductivité électrique (en S m^{-1}) donnée par le courant continu, m la chargeabilité Cole-Cole ($0 \le m \le 1$), c la dépendance fréquentielle ($0 \le c \le 1$), τ la constante de temps Cole-Cole (en s), et ω la pulsation (en Hz).

Le 'turn-on' (période de temps où le courant passe de 0 à sa valeur nominale) et le 'turn-off time' (période de temps où le courant passe de sa valeur nominale à 0) sont décrits par des fonctions en escalier pour modéliser la forme de la rampe du courant d'injection comme une somme de trois parties : en premier une augmentation géométrique du courant, puis une période de temps avec un niveau d'injection constant, et au final une décroissance linéaire. La réponse peut être calculée au centre de la boucle d'émission ou à tout offset, et pour toutes fenêtres temporelles.

La réponse TDEM due à des effets de polarisation électrique induite (IP) est négative. Sous certaines conditions, l'amplitude de la réponse due à la conductivité peut être de moindre amplitude que celle due aux effets IP pour les temps longs, et par conséquent le signal présente des données négatives. Plus le sous-sol est résistant, plus l'amplitude des effets IP est importante. Il est montré que l'amplitude des pics négatifs est proportionnelle au carré de la résistivité. Quand le signal est négatif, le temps et l'amplitude de ces pics négatifs sont reliés aux valeurs de *m*, *c* et *τ*. L'amplitude de la partie négative de la réponse globale est proportionnelle à la taille de la boucle d'émission. Donc pour un sous-sol polarisable, la configuration émetteur-récepteur gouverne la forme et l'amplitude des effets IP.

Une campagne de mesure TDEM a été effectuée dans et autour de la caldera du volcan Fogo (Cap Vert) afin de détecter une structure conductrice associée à une éventuelle ressource en eau. Les courbes de sondage situé au centre de la caldera, présentent des inversions de signe. Ces valeurs négatives apparaissent pour des configurations « boucle centrale » et pour les temps courts. Or, lors de sondages électriques, des phénomènes de polarisation ont été constatés. Ces effets sont à l'origine des distorsions TDEM sous forme de conductivité dispersive Cole-Cole. Le sous-sol est constitué d'une succession de couches de plus en plus conductrices avec la profondeur avec une première couche polarisable dont les paramètres Cole-Cole sont (modèle 2, Figure 42) : une chargeabilté $m=0,85$, une dépendance fréquentielle $c=0,8$ et une constante de temps $\tau=0,02$ ms. Dans le contexte volcanique du site, ces effets de polarisation seraient dus à la présence de petits grains conducteurs et/ou de matériaux effusifs (lapillis).

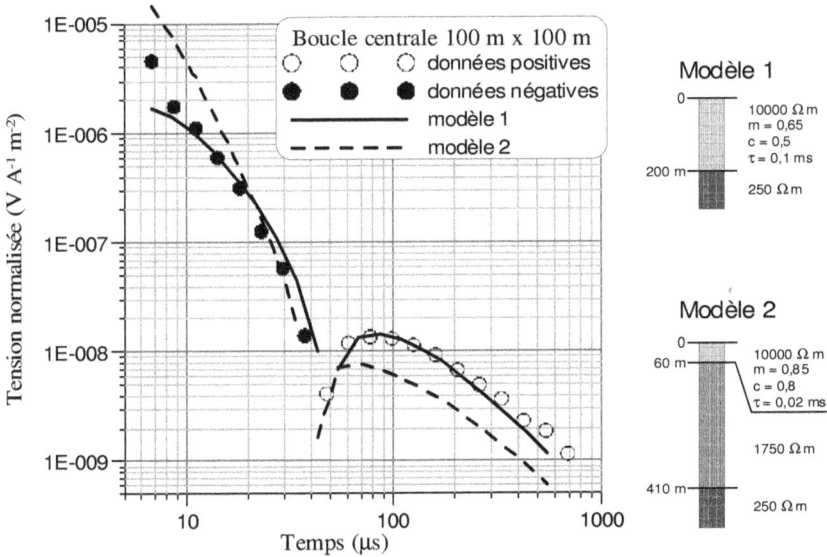

Figure 42 : Interprétation des données de terrain acquises avec une boucle centrale de 100 m x 100 m, sur le volcan Fogo (Cap Vert)

IV.C.2) Inversion jointe

Le sondage TDEM possède de nombreux avantages, mais seul il ne répond pas forcément au problème posé et dans ce cas l'utilisation de données d'autres types peut se révéler d'une aide précieuse. Ainsi les sondages électrique et TDEM ont chacun des caractéristiques complémentaires : plus ou moins bonne sensibilité au conducteur et/ou au résistant, résolution verticale superficielle ou profonde, résolution latérale plus ou moins grande... ; leur conjonction permet de déterminer avec plus de sûreté le sous-sol à l'origine des mesures (Raiche et al., 1985). Pour interpréter ces données de deux types sur un même site, il est possible de travailler séparément avec des logiciels permettant l'inversion seule de ces données (par exemple pour le sondage électrique : Qwseln développé à l'UMR n°7619 Sisyphe par Jeanne TABBAGH, et pour le sondage TDEM : Temix développé par Interpex, cf. Stoyer, 1998) ou d'utiliser un logiciel qui prend en compte les deux types de données (par exemple Emma développé à l'Université d'Aarhus par Auken *et al.*, 2002). Cette inversion jointe inclut l'épaisseur et la résistivité des couches, mais aussi un facteur d'anisotropie qui correspond à la racine carrée du rapport entre résistivités verticale et horizontale.

Une situation didactique a été synthétisée par Albouy *et al.* (2001) avec un aquifère situé à l'intérieur de sables susceptibles d'avoir des intrusions salines. Un sondage électrique Schlumberger et un sondage TDEM acquis sur le site ont d'abord été interprétés indépendamment l'un de l'autre avec chacun un nombre minimum de couches. Dans les deux cas, une solution à trois couches « résistant-conducteur-résistant » s'adapte bien aux mesures. Néanmoins, les solutions ne sont pas cohérentes. En courant continu, la couche supérieure résistante est bien contrainte. La définition de la couche intermédiaire conductrice couvre une large équivalence où toute couche très conductrice de conductance (épaisseur/résistivité) égale sera acceptable. La définition du substratum résistant est assez bien contrainte. Quant au sondage TDEM, la couche supérieure proposée a une résistivité mal contrainte (toute résistivité supérieure à 1000 Ω m sera acceptable) alors qu'il n'y a pas d'équivalence sur l'épaisseur de cette première couche. Ensuite on trouve une couche intermédiaire conductrice, mais toute couche fortement conductrice avec une conductance égale sera acceptable. Il faut noter que la conductance donnée par le TDEM est légèrement supérieure à celle donnée par le sondage électrique. Une inversion jointe avec trois couches est impossible : (i) l'épaisseur de la première couche résistante ne peut trouver de bon compromis entre les épaisseurs proposées séparément par chacune des méthodes, (ii) la conductance et la résistivité de la couche conductrice intermédiaire sont trop faibles. Quels que soient les poids affectés aux données électrique ou TDEM, aucune solution acceptable n'est déterminable. Par conséquent, la seule possibilité pour trouver une solution acceptable est d'ajouter une couche. Dans ce cas, la première couche, bien contrainte en électrique, nous renseigne sur la couche de sable sec. La couche de sable avec eau douce est bien déterminée grâce au TDEM (dont l'épaisseur cumulée avec celle de la première couche donne donc une profondeur proche de l'épaisseur de la solution TDEM initiale), en revanche sa résistivité n'est pas bien contrainte. La couche suivante correspond au sable à eau salée et enfin le substratum dont la résistivité était déjà donnée par l'électrique en trois couches. Au final, on constate que les deux paramètres (résistivité et épaisseur) de la couche à eau salée ne sont pas contraints individuellement, mais leur conductance est déterminée sans ambiguïté.

Dans le massif alpin du sud, le bassin de Barcelonnette fournit de nombreux exemples de glissements de terrain complexes qui associent un glissement *stricto sensu* à l'amont et une coulée de débris à l'aval. Ces glissements de toutes dimensions, en activité, se produisent sur des versants fortement ravinés. Ils sont localisés dans les marnes callovo-oxfordiennes (marnes noires) qui constituent le soubassement des nappes de flysch de l'Autapie et du Parpaillon. Le glissement-coulée de Super Sauze, déclenché dans les années 1950, s'étend sur une longueur de l'ordre de 800 m, entre les altitudes de 2105 m à la couronne et 1740 m au pied de la coulée, à la confluence des torrents, et occupe une superficie d'environ 17 ha. Il constitue un bon exemple pour la compréhension de tels phénomènes en raison d'une part de son caractère entièrement naturel (aucune trace d'aménagement hydraulique n'y est décelable), et d'autre part, des informations disponibles grâce aux nombreuses études menées depuis quelques années (Maquaire *et al.*, 2000) : mesures topométriques, photo-interprétation multi-dates, investigations géotechniques et prospections géophysiques. Ce glissement possède une morphologie typique : les blocs et les compartiments qui se détachent de la couronne, de manière rétrogressive par des ruptures planes, s'accumulent en se déformant progressivement dans une ou plusieurs ravines à bords raides et élevés, et constituent une coulée de débris. Cette particularité induit une forte variabilité de l'épaisseur et de la nature de la masse glissée, et une grande difficulté à connaître l'emplacement exact et les dimensions de la ou des ravines fossilisées par les terres en mouvement.

Des sondages électrique pôle-pôle et TDEM interprétés seuls, indiquent des solutions ni cohérentes entre elles, ni avec les données géotechniques (Figure 43). Les solutions sont majoritairement à quatre couches et c'est seulement en fixant la profondeur du substratum qu'une certaine cohérence apparaît entre les données électriques et TDEM.

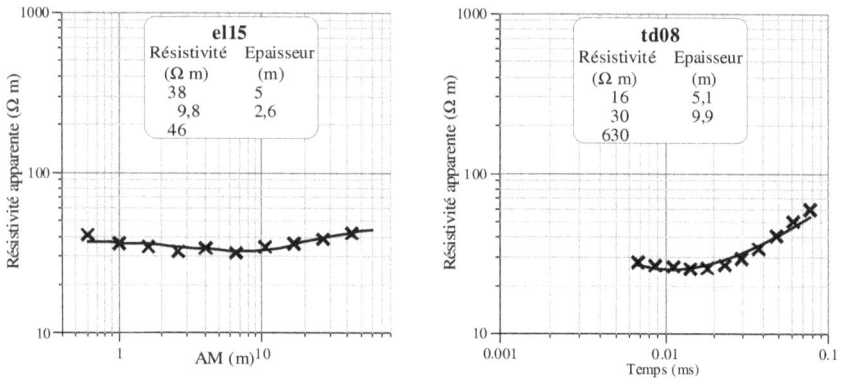

Figure 43 : Exemple d'interprétation séparée des sondages électrique pôle-pôle « el15 » et TDEM « td08 » sur le glissement-coulée de Super Sauze

Leur interprétation jointe a permis la mise en évidence de six couches constituées des trois couches de sol instable et stable détectées par la géotechnique et de trois interlits intermédiaires non détectés par la géotechnique mais vraisemblables. Ce modèle en six couches (Figure 44) comprend de la surface vers la profondeur, une masse active superposée à une masse stabilisée, elle-même superposée au substratum, avec des interlits :

- en surface, une première couche de résistivité comprise entre 19 et 50 Ω m avec une épaisseur variant de 3, à l'est, à 6,6 m au centre et à l'ouest du profil, correspondant à une formation marneuse remaniée assez hétérogène à matrice fine et humide, quelques petits blocs de marnes en voie d'altération très avancée y sont noyés, et dans les zones très humides existe une véritable boue liquide. Le facteur d'anisotropie varie entre 0,9 et 1,7.

- une zone de transition d'épaisseur faible (0,7-0,9 m) de boue très lâche et humide entre la masse active et la masse stabilisée. Cet horizon est le plus conducteur avec des résistivités peu contrastées (2-3 Ω m) et des facteurs d'anisotropie s'étendant de 0,35 à 1. Par ailleurs, aucun effet de polarisation provoquée dû à des matériaux conducteurs (minéraux métalliques ou argileux) ne perturbe les mesures. De fait, cet horizon doit être saturé.

- au toit de la masse stabilisée sur une épaisseur très mince de 0,7-0,9 m, le matériau est compacté et « glacé », comme cela est parfois observé sur les surfaces de glissement. Les résistivités sont supérieures au précédent terrain (31-35 Ω m). Le facteur d'anisotropie moyen est de 0,9-1.

- une seconde couche hétérogène d'épaisseur entre 4 (à l'ouest) et 8 m (à l'est) et une résistivité entre 75 et 290 Ω m, correspond à la masse stabilisée (« corps mort ») avec des marnes remaniées, mais moins évoluées, plus compactes et plus sèches que la première couche, considérée comme imperméable. Les blocs de marnes structurées de tailles diverses mais néanmoins altérés y sont nombreux. Le facteur d'anisotropie varie entre 0,35 et 1,33.

- la transition entre la masse stabilisée et le substratum. D'une faible épaisseur (0,7-1,4 m), cet horizon peut correspondre au manteau d'altération des marnes en place plus ou moins mélangé à des formations de pente ou à des épandages de moraines. La gamme de résistivité varie de 37 à 80 Ω m pour un facteur d'anisotropie compris entre 0,7 et 1.

- le substratum avec une résistivité comprise entre 400 et 570 Ω m et un facteur d'anisotropie de 0,1 correspond au marne en place compacte. La définition de cette couche est seulement contrainte par le TDEM, car nous nous trouvons en limite de profondeur d'investigation des sondages électriques acquis.

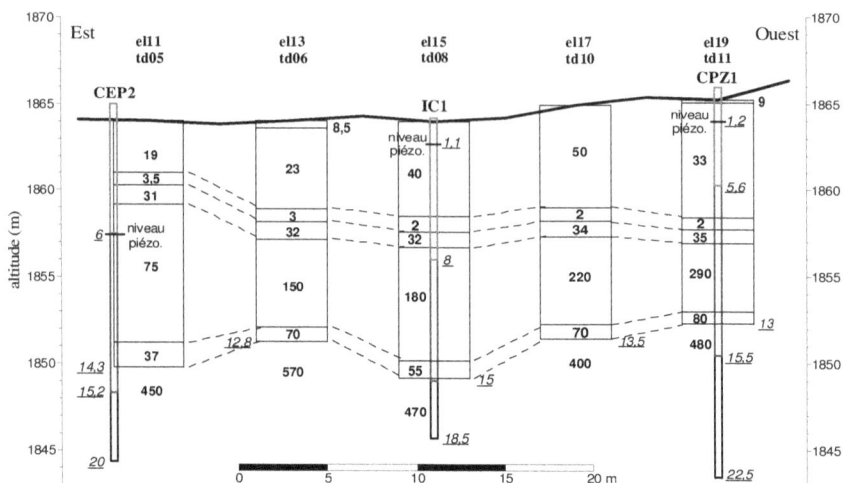

Figure 44 : Interprétation jointe de cinq couples de sondages électrique et TDEM, avec les données géotechniques sur le glissement-coulée de Super Sauze. Les labels au-dessus du profil correspondent aux noms des stations de mesure ; ceux en italique et soulignés à l'intérieur du graphique sont des profondeurs (en m) ; les autres en gras à l'intérieur sont des valeurs de résistivité (en Ω m).

La bonne coïncidence entre l'interprétation jointe et les données géotechniques n'est atteinte qu'avec des facteurs d'anisotropie relativement importants que l'on explique par des variations de compactions liées à la dynamique du glissement-coulée.

IV.C.3) Conclusion

Le TDEM est une technique adopté dans le domaine minier. Nous en montrons l'intérêt pour l'hydrogéologie dans toutes sortes d'environnement, avec la prise en compte des phénomènes de polarisation et avec le traitement joint avec des sondages électriques.

IV.D) Mesures électriques

Les mesures électriques sont les plus anciennes de la prospection géophysique, mais malgré bientôt un siècle d'existence, de nombreux développements continuent à avoir lieu. Le panneau électrique est ainsi apparu pour devenir communément employé (cf. *supra* III.A pour les applications thématiques sur la contamination) depuis une quinzaine d'années. L'UMR n°7619 Sisyphe poursuit la recherche dans cette voie ouverte par les frères Schlumberger et je participe à différents projets : (i) mise au point de résistivimètres rapides, (ii) emploi de configurations particulières pour détecter des structures anisotropes, (iii) comparaison de codes d'inversion.

IV.D.1) Résistivimètre rapide

Le développement instrumental des résistivimètres utilisés en panneau électrique est associé à la recherche d'un temps plus court d'acquisition permettant notamment d'augmenter le nombre de mesures (Stummer *et al.*, 2002). Dans cette optique et dans le cadre du projet de recherche RITEAU, financé par les ministères de la recherche et de l'industrie, l'UMR n°7619 Sisyphe sous la coordination d'Henri ROBAIN (IRD, Bondy) a participé à la définition, au développement et aux essais d'un résistivimètre appelé Syscal Pro (Iris Instruments). Il permet de réduire le temps d'acquisition et par conséquent de se prémunir d'effets d'anisotropie apparente due au temps d'acquisition, et d'obtenir ainsi des informations bien échantillonnées pour des études de suivi d'infiltration. Ce résistivimètre rapide a les avantages suivants : (i) 10 canaux de réception disponibles simultanément, (ii) une résolution de 1 μV permettant d'obtenir des mesures très précises. Le gain de temps est basé sur un mode d'acquisition rapide où la durée d'injection est de 240 ms constituée par seulement un créneau positif et un négatif. Pour bénéficier des 10 canaux de mesure simultanés et obtenir des images où le temps d'acquisition est négligeable, les séquences (combinaison des différents quadripôles qui se succèdent lors de l'acquisition du panneau) doivent être optimisées.

Le Tableau 4 est un exemple d'une séquence pôle-dipôle « avant » optimisée. La parallélisation des mesures nécessitent de garder la même électrode d'injection (A dans le cas d'un pôle-dipôle « avant ») mais aussi un point commun entre deux mesures successives de potentiel (avec les électrodes M et N). Avec le résistivimètre multicanal Syscal Pro, on peut réaliser les mesures de 20 quadripôles en seulement deux étapes (et non en 20 comme avec un résistivimètre classique). On peut alors acquérir 600 points de résistivité apparente par minute.

mesure n°	A	B	M	N
1	1	∞	2	3
2	1	∞	3	4
3	1	∞	4	5
4	1	∞	5	6
5	1	∞	6	7
6	1	∞	7	8
7	1	∞	8	9
8	1	∞	9	10
9	1	∞	10	11
10	1	∞	11	12

mesure n°	A	B	M	N
11	2	∞	3	4
12	2	∞	4	5
13	2	∞	5	6
14	2	∞	6	7
15	2	∞	7	8
16	2	∞	8	9
17	2	∞	9	10
18	2	∞	10	11
19	2	∞	11	12
20	2	∞	12	13

Tableau 4 : Exemple d'une séquence pôle-dipôle « avant » optimisée qui avec le Syscal Pro se réalise en deux étapes (1ère étape : colonnes à gauche, 2ème étape : colonnes de droite)

L'orientation apparente des anomalies (Figure 9) détectées lors du suivi d'injection de lixiviat (de l'ouest vers l'est avec une augmentation de la taille du quadripôle) est due au temps d'acquisition, ces pseudo-sections ont été obtenues en 40 minutes avec un résistivimètre classique, *i.e.* donnant une vue non instantanée du contenu de lixiviat à l'intérieur des déchets. C'est la raison pour laquelle ce sont des pseudo-sections de résistivité apparente qui sont présentées plutôt que des sections de résistivité interprétée qui montreraient des anomalies liées au temps d'acquisition. Lors de l'acquisition sur le second site (en Vendée), le résistivimètre rapide a été employé et a permis d'acquérir les 1400 mesures de résistivité apparente en 6 minutes. Ce sont donc des sections de résistivité interprétée qui sont analysées (Figure 10).

Le développement et l'emploi de ce type de résistivimètre rapide va permettre de réaliser des suivis fins de phénomènes d'infiltration.

IV.D.2) Configuration 3D pour analyse d'anisotropie

Les mécanismes régissant l'apparition spontanée de fractures sont associés aux variations de contenu en eau dans le sol lors des cycles d'humectation/dessiccation par gonflement/retrait de la fraction argileuse. Pour étudier ces phénomènes sur des blocs de sol, la méthode électrique a été employée en panneau 3D en configuration carrée (les électrodes d'injection A et B font face aux électrodes de mesure du potentiel M et N en formant un carré, Figure 45). Avec un tel dispositif, nous sommes moins influencés par l'orientation des discontinuités électriques qu'avec un dispositif en ligne (Habberjam et Watkins, 1967). En effet, dans les milieux contenant des hétérogénéités (ce qui est le cas d'un sol fissuré), les mesures de résistivité apparentes dépendent de la position de la source de courant par rapport à l'objet d'étude (Bibby, 1986).

L'expérimentation a été conduite par l'Unité de Science du Sol de l'INRA à Orléans (Samouëlian *et al.*, 2004), sur un sol limoneux du nord du Bassin Parisien (70% de limon, 20% d'argile) fortement compacté par le passage d'engins agricole. Un bloc de (26 cm x 30 cm x 40 cm) prélevé en condition humide, a été soumis à une dessiccation naturelle pendant dix huit jours. Un réseau de fissures s'est alors mis en place depuis la surface.

Le dispositif employé comportait soixante quatre électrodes installées suivant une « nappe » de huit par huit électrodes impolarisables Cu/CuSO$_4$ avec un espacement inter-électrode de 3 cm choisi *a priori* afin de détecter des fissures de taille millimétrique. Une acquisition comportait 280 mesures réparties sur sept pseudo-profondeurs, ou niveaux (Figure 45). Les électrodes occupent pour chaque position de quadripôle, soit l'orientation $\alpha=0°$ soit l'orientation $\alpha=90°$. Les mesures de résistivité apparentes sont alors notées $\rho_{0°}$ et $\rho_{90°}$. Lorsque $\rho_{0°}$ et $\rho_{90°}$ sont équivalents, le milieu est électriquement homogène.

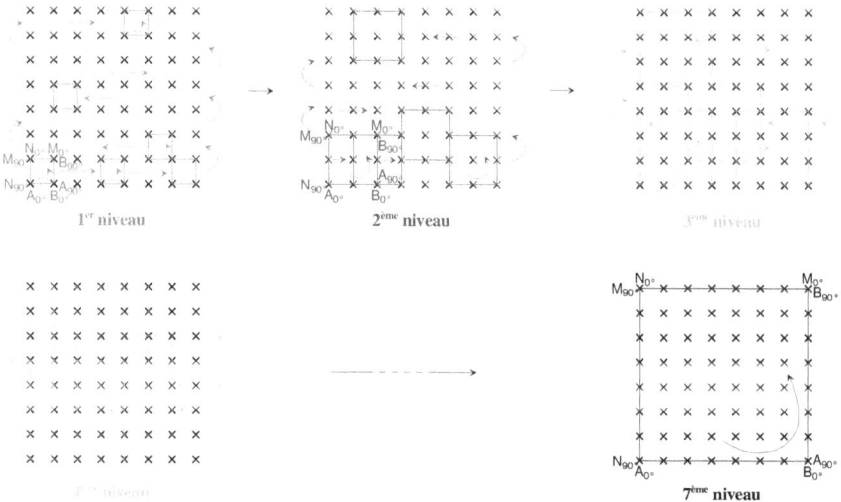

Figure 45 : Configuration carrée des mesures 3D utilisée pour l'analyse d'anisotropie d'un bloc de sol

Les données de résistivité apparente permettent de définir des critères qualitatifs de description de la fissuration. A partir des deux orientations $\alpha=0°$ et $\alpha=90°$, un indice d'anisotropie *AI* sensible à la présence d'hétérogénéités électriques a été proposé :

$AI = \rho_{0°}/\rho_{90°}$

Les zones d'hétérogénéités électriques sont ainsi localisées spatialement à chaque pseudo-profondeur par les valeurs élevées ou faibles de cet indice d'anisotropie *AI* (Figure 46). Nous observons que l'amplitude entre les valeurs minimale et maximale diminue lorsque la pseudo-profondeur augmente.

102

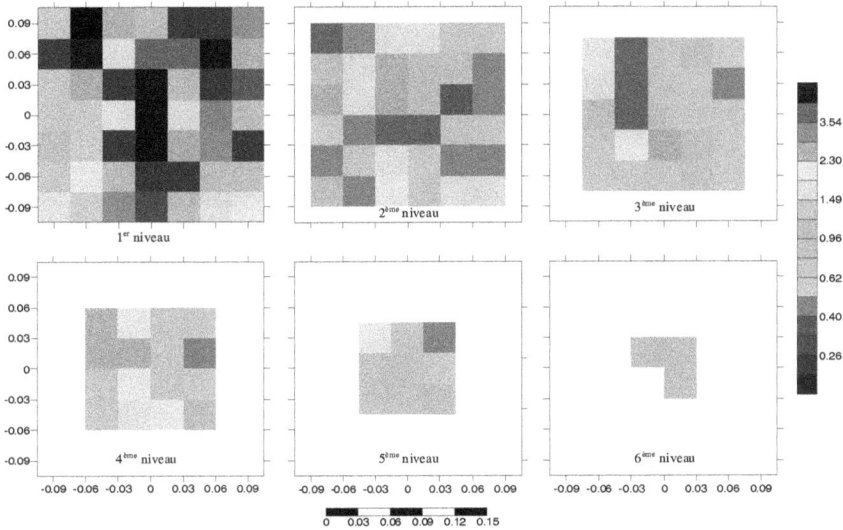

Figure 46 : Distribution spatiale de l'indice d'anisotropie *AI* d'un bloc de sol

AI peut être considéré comme un critère de fissuration. Pour la première pseudo-profondeur, nous avons déterminé une relation entre la largeur moyenne de la fissure, son orientation et la valeur de *AI*. Les fissures supérieures à 1 mm sont détectées pour des valeurs de *AI* inférieures à 0,42 ou supérieures à 3,14. Ces deux valeurs constituent deux seuils *Icinf* et *Icsup*. Lorsque la relation *Icinf<AI<Icsup* est vérifiée, le « carré » de mesures correspondant est considéré comme non fissuré et inversement. Deux classes d'orientation préférentielle de fissures 0° et 90° peuvent également être distinguées à partir des valeurs de *AI*. Lorsque *AI*>1, (respectivement<1) les fissures sont préférentiellement orientées à 0° (respectivement 90°). Ces relations de détection et d'orientation préférentielle de fissures ont été appliquées au premier niveau (Figure 47). La superposition de la photo de surface sur ces cartes permet une validation visuelle. La méthode est donc globalement satisfaisante, mais nous constatons que les « carrés » contenant une fissure orientée à 45° ne sont pas reconnus comme des « carrés » fissurés.

Figure 47 : Détection et orientation des fissures d'un bloc de sol, en noire zone de fissures orientées préférentiellement à 0°, en gris zone de fissures orientées préférentiellement à 90°, en blanc zone non détectée comme fissurées

Les seuils *Icinf* et *Icsup* définis précédemment ne peuvent être généralisés, car ils dépendent probablement des conditions expérimentales : type de sol, humidité, et ceci pour une configuration d'électrodes bien spécifique. Les travaux de thèse de Anatja SAMOUËLIAN ont consisté à établir un critère indépendant des contraintes expérimentales, à mesurer la résistivité apparente suivant les diagonales du carré, et à réaliser une inversion 3D guidée dans le cas de milieu anisotrope, par la prise en compte des zones hétérogènes localisées au préalable.

Ces premiers résultats nous montrent d'une part que l'acquisition 3D par configuration carrée est une méthode bien adaptée à la détection d'hétérogénéités localisées, et d'autre part que la mesure est réalisable à cette échelle.

IV.D.3) Modélisation/inversion 3D

Pour résoudre les problèmes direct et inverse, plusieurs méthodes existent. La technique des « centre alpha » (Petrick *et al.*, 1981) est spécifique à la méthode électrique. D'autres comme la méthode des moments (MoM) peuvent être utilisé pour les domaines électrique et électromagnétique. D'autres méthodes sont encore plus générales (Sasaki, 1994) : les différences finies (FD) ou les éléments finis (FE). La méthode FD (Park et Van, 1991 ; Li et Oldenburg, 1994 ; Zhang *et al.*, 1995) est utilisée plus fréquemment pour trouver des solutions des problèmes inverses électriques 3D et peut être considérée comme la méthode de référence pour le domaine électrique (plusieurs codes commerciaux existant l'utilisent).

La méthode MoM (Harrington, 1961 ; Tabbagh, 1985 ; Das et Parasnis, 1987 ; Dabas *et al.*, 1994) consiste à remplacer les corps anomaliques par une distribution équivalente de sources secondaires de courant. Elle présente plusieurs avantages sur les méthodes FD et FE : (i) il suffit de découper (discrétiser) les corps anomaliques dans le milieu encaissant tabulaire et par conséquent le nombre de cellules est limité, (ii) si plusieurs corps de différentes formes sont présents, leur découpage (discrétisation) est indépendant, (iii) il n'y a pas de conditions aux limites du domaine à définir, et (iv) il n'y a pas de problèmes avec les points sources qui peuvent être situés n'importe où en dehors des corps anomaliques. Un autre avantage de la méthode MoM est qu'elle permet de modéliser simultanément des données électriques et électromagnétiques. Néanmoins, cette méthode a plusieurs limitations : (i) la matrice à inverser n'est pas creuse et si les cellules ne sont pas de la même taille, elle n'est pas symétrique, et (ii) il faut calculer des expressions analytiques complexes (transformée de Hankel) qui correspondent aux fonctions de Green. Le processus complet d'inversion est par conséquent très gourmand en temps de calcul et plusieurs modifications ont été apportés à l'algorithme initial de l'UMR n°7619 Sisyphe (Dabas *et al.*, 1994), afin de pouvoir appliquer cette méthode à des données réelles. Afin d'optimiser le calcul, nous avons : (i) approximé la matrice en réduisant le nombre d'éléments non nuls (on néglige l'effet d'une cellule sur une autre cellule quand la distance les séparant est élevée et/ou quand le contraste de résistivité est faible), (ii) utilisé l'algorithme de gradient bi-conjugué pour résoudre le système d'équations, (iii) utilisé l'approximation de Born pour calculer le jacobien.

L'algorithme a été appliqué à un jeu de données acquis en configuration pôle-pôle (cross-diagonal) à Katchari (Burkina Faso). La prospection, menée par l'UR Geovast de l'IRD et coordonnée par Henri ROBAIN, a consisté à couvrir une zone de 40 m x 40 m en quatre étapes (28 m x 28 m à chaque étape avec un recouvrement de 16 m) avec un système multi-électrodes de 8 x 8 = 64 électrodes, suivant une configuration pôle-pôle donnant 1872 mesures de résistivité apparente. L'objectif de la prospection était d'étudier la structure interne du sous-sol dans une zone sahélienne où différents processus de transfert d'eau et d'érosion sont actifs. Les données présentent une zone conductrice liée au stockage ou au drainage (Figure 48).

L'inversion de ces données avec le logiciel « classiques » Res3dinv donne une image lisse (Figure 49), en effet la méthode utilisée minimise les variations de résistivité.

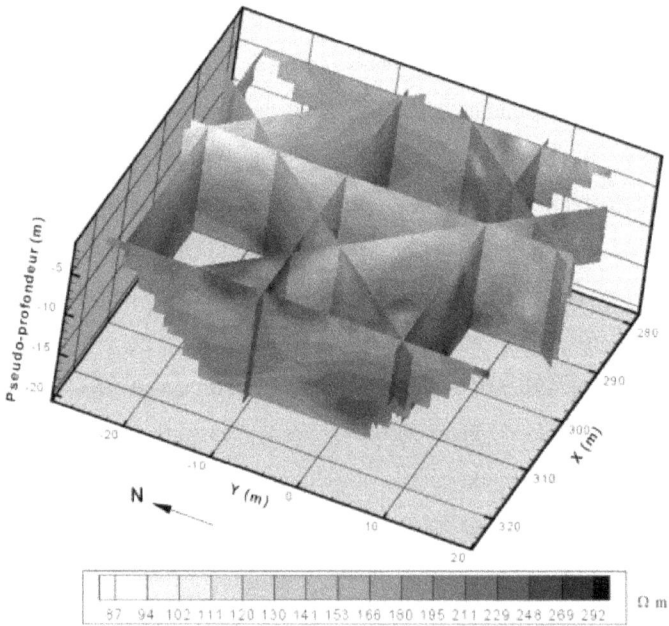

Figure 48 : Vue 3D des résistivités apparentes acquis lors de la prospection pôle-pôle cross-diagonale à Katchari (Burkina Faso)

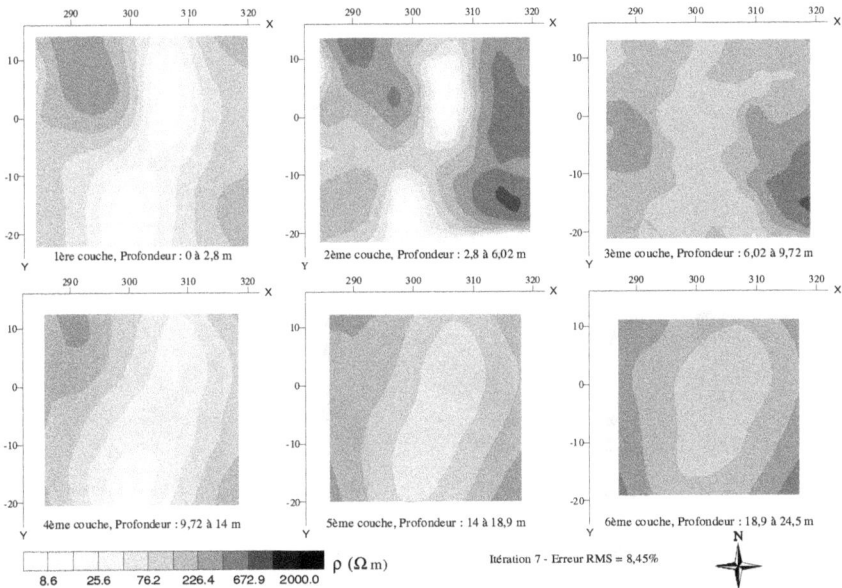

Figure 49 : Inversion 3D avec l'algorithme des différences finies de Res3dinv des
données obtenues à Katchari (Burkina Faso)

Pour l'inversion avec notre code basé sur la méthode des moments, nous avons choisi
une structure constituée de 1076 blocs de géométrie fixée (ce corps est découpé
verticalement en deux suivant des épaisseurs croissantes avec la profondeur : 2 puis
5 m°) situés dans un encaissant de résistivité 200 Ω m (valeur moyenne de
l'ensemble des valeurs mesurées). Le résultat de l'inversion (Figure 50) fournissant
une image beaucoup plus contrastée que celle obtenue avec Res3dinv. Nous utilisons
un filtrage par la médiane pour éliminer les variations intempestives entre cellules
adjacentes, aussi ces contrastes sont forts mais *a priori* possibles.

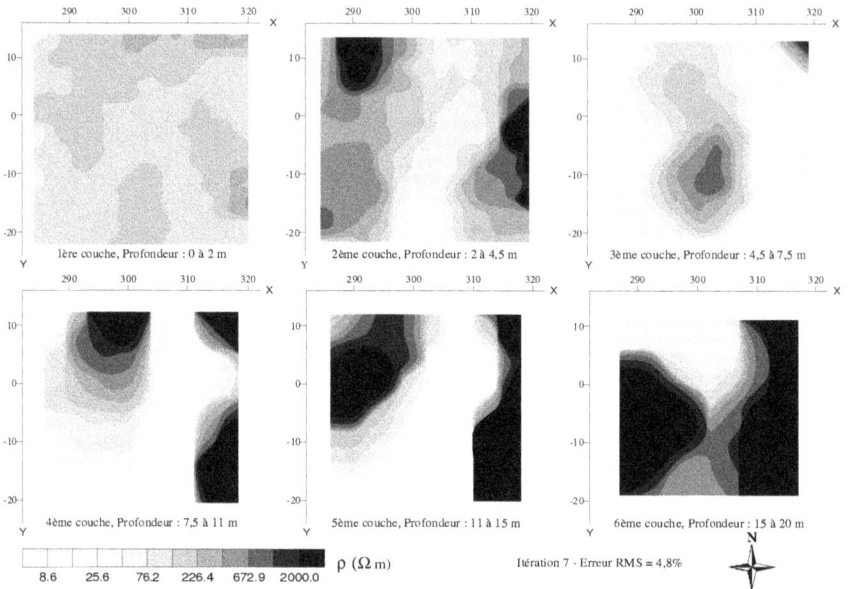

Figure 50 : Inversion 3D avec notre algorithme de la méthode des moments des données obtenues à Katchari (Burkina Faso)

Actuellement notre algorithme est quatre fois plus lent que celui de Res3dinv avec les différences finies ! Mais le découpage géométrique à la charge de l'interprétateur est un avantage (analyse des équivalences…). Avec Res3dinv, le découpage vertical déterminé à partir de la maille de mesure et définissant des épaisseurs croissantes est pratiquement figé.

IV.D.4) Conclusion

Les mesures électriques ont suivi des développements importants au cours des dis dernières années avec le panneau électrique. L'apport de mes travaux consiste à la mise au point de technologie permettant du suivi de déplacement de fluide, de configuration adaptée à l'analyse d'anisotropie, et d'un code d'inversion utilisant la méthode des moments complémentaire de ceux utilisant les différences finies.

IV.E) Instrumentation électrostatique

La reconnaissance géophysique s'applique *a priori* aussi bien en milieu urbain qu'en milieu rural (ou « naturel ») mais le premier présente une série de difficultés particulières que l'on peut résumer ainsi :

- il y a en ville des sources de bruits : vibrations, courants électriques vagabonds, mouvements de véhicules...
- le sous-sol peut y être plus complexe, y présenter en particulier des structures très contrastées proches de la surface,
- l'accès à la surface à explorer y est plus limité, par la présence de bâtiments notamment.

Les méthodes géophysiques et leurs procédures de mise en œuvre doivent donc être adaptées aux contraintes spécifiques du milieu urbain.

La résistivité électrique, propriété qui présente la plus large gamme de variations et qui est particulièrement sensible aux variations de teneur en argile et d'humidité, est difficile à mesurer en ville. Les méthodes électromagnétiques basse fréquence, dont la mise en œuvre est la plus rapide, sont en effet très sensibles aux masses métalliques (voitures, armatures du béton, câbles...) et la méthode électrique, très peu sensible à ce type de perturbations, requiert par contre la mise en place d'électrodes ce qui n'est pas réalisable sur les sols construits (bitume, pavage, dalle de ciment...). La méthode électrostatique, introduite à l'origine pour l'exploration peu profonde de milieux très secs, évite l'utilisation d'électrodes tout en gardant la faible sensibilité aux bruits de la méthode électrique, elle est donc potentiellement très intéressante en milieu urbain.

IV.E.1) Principe et limites de la méthode

La méthode électrostatique peut être présentée comme une généralisation de la méthode électrique (Grard et Tabbagh, 1991) où quatre pôles électrostatiques, placés dans l'air au-dessus du sol, sont utilisés pour injecter le courant et pour mesurer la différence de potentiel résultante. Mais on ne peut pas travailler à la fréquence zéro où le maintien de charges électrostatiques sur les pôles serait impossible ; on utilise donc une injection en courant alternatif. Quand un tel quadripôle est posé sur le sol et que la fréquence utilisée est suffisamment basse, les résultats et les méthodes d'interprétation sont les mêmes que pour la méthode électrique.

La limite en fréquence peut être fixée (Benderitter *et al.*, 1994) à partir du nombre d'induction qui doit rester inférieur à 0,1 environ. Ce nombre d'induction compare la taille du quadripôle à la profondeur de pénétration caractérisant l'effet de peau (c'est-à-dire l'atténuation du signal avec la profondeur, et la décroissance de la profondeur d'investigation avec la fréquence du signal). Si, par exemple, la distance entre un pôle d'injection et le plus proche pôle de mesure est L, la fréquence f, et la conductivité électrique moyenne σ du terrain, on aura une valeur du nombre d'induction : $\sigma\mu2\pi fL^2$ inférieur à 0,1 si f reste inférieure à 12 kHz pour L=10 m et σ=0,01 S m^{-1} (μ est la perméabilité magnétique du milieu égale à celle du vide, $4\pi\ 10^{-7}$ H m^{-1}, dans la plupart des sols).

En pratique, les pôles sont constitués par des pièces métalliques de formes quelconques ; on peut par exemple utiliser des plaques métalliques de dimension linéaire petite devant l'écartement entre les pôles. L'impédance des pôles d'injection est inversement proportionnelle à leur surface et à la fréquence. En général on reste au-dessus de 10 kHz, ce qui conduit à une profondeur d'investigation de la dizaine de mètres pour les résistivités les plus courantes.

Plusieurs appareillages ont été réalisés au cours des quinze dernières années au CRG Garchy puis à l'UMR n°7619 Sisyphe, en particulier un dispositif composé de pôles indépendants (Figure 51) de surface 0,5 ou 1 m^2 qui permet de réaliser des sondages jusqu'à des distances entre pôles d'une trentaine de mètres.

Figure 51 : Quadripôle électrostatique avec pôles indépendants

Des développements parallèles ont eu lieu au sein d'entreprises avec les appareils : Corim d'Iris Instruments, et Ohm-Mapper de Geometrics ; et des travaux de recherche sont menés avec cette technique (Garman et Purcell, 2004).

IV.E.2) Développement du panneau électrostatique

Le projet PANEC financé par l'ADEME correspond au développement d'un appareil d'acquisition de panneau électrostatique en continu pour obtenir sur des surfaces « dures » (type bitume, béton, membrane PEHD...) des coupes verticales de résistivité électrique le long de profils, et permettre ainsi la description (géométrie et concentration) qualitative et quantitative de sites pollués. En effet sur ces surfaces, les mesures électriques « classiques » (avec des électrodes, voir annexe) ne sont pas utilisables ; et comme la cible appropriée pour l'étude de sites pollués est la résistivité électrique, l'utilisation d'une acquisition électrostatique « rapide » sur des digues, l'intérieur de bâtiments, au-dessus de massifs confinés… est appropriée pour le suivi de pollutions.

Le dispositif doit permettre de paralléliser l'acquisition des mesures : lors d'une injection dans la paire de pôles émetteurs (plaques métalliques sans contact avec le sol, dans l'air au-dessus du sol), six paires de pôles récepteurs vont mesurer simultanément une information de résistivité électrique sur six profondeurs. Ce nouvel appareil correspond à une généralisation du dispositif à pôles indépendants (cf. *supra* IV.E.1). Ce système automatisé avec enregistrement « en continu » (une mesure toutes les 0,1 s environ) commandé par une roue codeuse (odomètre) va permettre également de densifier le nombre de mesures tout en gardant un système de positionnement très fiable quelle que soit la vitesse d'acquisition, et ainsi de pouvoir si nécessaire filtrer les données d'effets superficiels (hautes fréquences) et donc de se prémunir du sous échantillonnage spatial inévitable avec des électrodes fixes pré implantées et qui constitue un défaut important des panneaux électriques classiques (galvaniques).

L'appareil sera constitué de six paires de pôles de mesure, avec un premier dispositif de quatre pôles mesurant 17,05 m de long, que l'on pourra agrandir pour atteindre des écartements de 22 m et 30 m (Figure 52). L'injection du courant est réalisée par deux pôles espacés de 6 m. La taille des plaques constituant les pôles d'injection (Figure 53a) est de 0,45 m^2 ; les pôles de mesures (Figure 53b) peuvent être de surface plus réduite (même longueur qu'à l'émission : 0,9 m, mais largeur beaucoup plus petite, par exemple 0,1 m). Le dispositif prévu va ainsi contenir un total 15 plaques : 6 couples de mesures (Mi et Ni, avec i de 1 à 6), 1 couple d'injection (A et B), 1 plaque de référence électrique centrale (réf). La disposition adoptée est la suivante : M6 à – 15 m, M5 à –11 m, M4 à –8 m, M3 à –6 m, A à –3 m, M1 à –1,7 m, M2 à –1 m, réf à

0 m, puis N2 à 1 m, N1 à 1,7 m, B à 3 m, N3 à 6 m, N4 à 8 m, N5 à 11 m et N6 à 15 m.

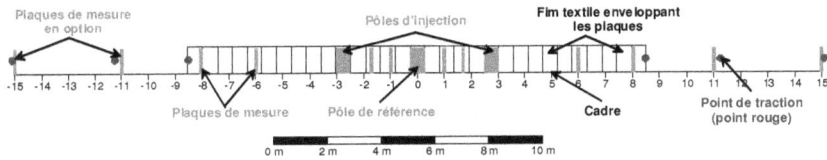

Figure 52 : Dispositif du panneau électrostatique

L'appareil est en cours de construction, les tests électroniques sont positifs alors que la partie mécanique demande des améliorations car face à des aspérités le système a tendance à ne plus glisser sur le sol.

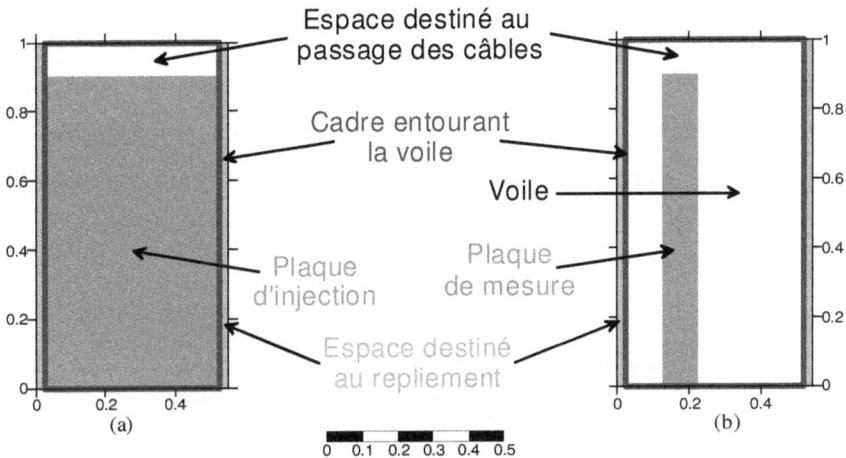

Figure 53 : (a) Pôle d'injection et (b) pôle de mesure du panneau électrostatique

IV.E.3) Développement de la diagraphie électrostatique

Des diagraphies effectuées à l'intérieur de puits et en particulier de piézomètres permettent de caler et calibrer les données de géophysique avec la géologie. En effet ces enregistrements continus des variations d'un paramètre donné en fonction de la profondeur (Chapellier, 1987) sont indispensables, tout comme des relevés sur des anomalies localisées par la géophysique de surface. Ils permettent de vérifier la validité des interprétations géophysiques et de préciser l'origine des anomalies. Une sonde électrostatique, moins sensible aux perturbations métalliques qu'une sonde électromagnétique, et utilisable en milieu non saturé comme en saturé, à la différence des sondes électriques classiques, a été mise au point. Cette sonde utilisable dans un seul forage, est un complément de celle développée entre deux forages ou entre un forage et la surface (Leroux, 2000). Elle a été développée dans le cadre d'une convention avec l'ADEME.

Pour travailler dans des puits peu profonds et de petit diamètre, nous avons adopté les normes 'slim-hole' les plus courantes dans les applications minières. Ce type de dispositif utilise un câble quatre conducteurs, avec un diamètre extérieur de l'outil inférieur à 2 pouces et pouvant résister à une pression maximale de 50 bars. Pour avoir une finesse d'analyse satisfaisante, nous avons choisi des écarts de 29 cm entre les pôles (cylindre en métal de 3 cm de haut, Figure 54) dans une configuration Wenner-β, pratiquement inévitable en électrostatique si on veut minimiser tout couplage direct entre l'émission et la réception. Cet outil de diagraphie électrostatique pèse environ 3 kg, pour une longueur totale de 1,3 m (Figure 55) et un diamètre de 5 cm (inférieur à 2 pouces = 5,08 cm).

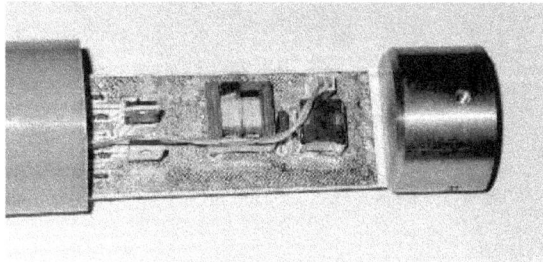

Figure 54 : Pôle de l'outil de diagraphie électrostatique

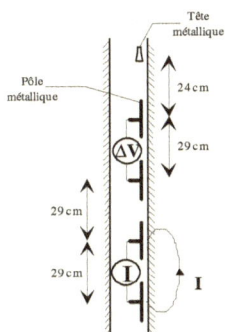

Figure 55 : Schéma de la sonde électrostatique

L'alimentation se fait par une batterie extérieure 12 V – 0,5 A. Les données acquises par cette sonde sont le courant injecté, la tension mesurée en phase, la tension mesurée en quadrature et la tension d'alimentation. Les informations sont transmises à un ordinateur portable via une connexion RS232 avec une vitesse de transfert de 2400 bauds, permettant 3 mesures par seconde.

Des mesures ont été effectuées sur le site de Mortagne-du-Nord (cf. *supra* III.A.1) montrant une bonne cohérence entre le signal mesuré et la structure du sol. Des développements électroniques récemment mis au point demandent à faire des validations sur d'autres forages.

IV.E.4) Conclusion

La technologie électrostatique est désormais bien reconnue comme une alternative aux méthodes électriques et électromagnétiques. Des projets d'utilisation de cette technique sont nombreux, nous pouvons citer le plus exotique : la détection d'eau sous la surface martienne dans le cadre du projet NASA Haughton-Mars. Les deux appareils de panneau (permettant un « sondage glissant ») et de diagraphie sont des outils qui vont compléter la gamme déjà disponible.

IV.F) Calcul de l'infiltration à partir de profils verticaux de température

IV.F.1) Introduction

La température d'un point de la surface du sol ou d'un point du sous-sol est le résultat du bilan des échanges d'énergie en ce point et de ce fait, un indicateur direct des transferts d'énergie et de masse. L'évolution temporelle de la distribution verticale des températures peut au même titre que celle de la charge hydraulique conduire par résolution du problème inverse à la vitesse d'écoulement de l'eau, selon la verticale. Les déplacements de l'eau correspondent en effet à un transfert par convection qui vient s'ajouter au transfert par conduction, et modifier en intensité et en phase la diffusion de la chaleur.

Le lien entre l'eau et la température du sol se traduit au niveau mathématique dans l'équation de la chaleur, qui relie l'évolution spatio-temporelle de la température au flux thermique. La vitesse de Darcy apparaît explicitement dans l'équation, dans le terme de transfert convectif, mais il n'existe pas de résolution analytique permettant d'exprimer cette vitesse en fonction des autres données (température, paramètres physiques du sol).

Les premiers exemples publiés d'utilisation des températures en rapport avec l'infiltration ont été l'œuvre de Suzuki (1960) et Stallman (1965). Tous deux sont partis du même modèle : ils notèrent des modifications dans l'amplitude des variations annuelles de température, qu'ils confrontèrent à des valeurs d'infiltration, obtenues indépendamment sur les mêmes périodes. Taniguchi (1993) a approfondi cette démarche établissant une corrélation entre l'infiltration et l'atténuation des variations de température avec la profondeur. Il n'est toutefois pas parvenu à des expressions analytiques, qui auraient affranchi le modèle de la nécessité de disposer de valeurs d'infiltration indépendantes et lui auraient permis de remonter à cette variable.

Notre travail a porté et continue de porter sur le développement des méthodes de calcul des flux (Tabbagh et Trézéguet, 1987), sur la modélisation de l'évolution de la

116

température de l'eau lors de la circulation dans le sous-sol à partir d'une méthode pas à pas (Benderitter *et al.*, 1993) et sur l'établissement de relation entre l'infiltration et les paramètres thermiques du sol (Tabbagh *et al.*, 1999).

IV.F.2) Utilisation des mesures de température du sol aux stations météorologiques

Les mesures de température du sol aux stations météorologiques sont courantes en France (une station au moins par département), elles font partie des mesures climatologiques de référence et sont effectuées à 10, 20, 50 et 100 cm de profondeur dans les stations de Météo France. Les agronomes en particulier les utilisent pour évaluer les risques de gel ou définir si les conditions thermiques de la zone racinaire sont favorables à la croissance des plantes. L'acquisition de ces données est peu coûteuse et leur utilisation ne nécessite pas un lourd traitement informatique.

Les mesures de température sont effectuées sur un terrain plan, le plus souvent sur des aérodromes. Cette planéité minimise le ruissellement dans le bilan hydrique local, et rend pertinente l'utilisation des mesures dans l'objectif de calculer les mouvements d'eau verticaux. Par ailleurs, aucun arrosage artificiel n'est effectué et les stations de mesure sont éloignées de la végétation ou de toute structure qui viendrait perturber l'arrivée de pluie latérale ; le sol est donc soumis aux conditions extérieures naturelles.

L'enregistrement des températures se fait au pas de temps horaire, mais les bases de données ne conservent que 1 à 3 valeurs par jour, sauf exceptions. Le nombre de données disponibles est important, la plupart des stations fournissant des données continues depuis le 1er janvier 1984. Autre aspect avantageux, le maillage spatial constitué par l'ensemble des points de mesure est suffisant pour permettre une étude à l'échelle régionale (Figure 56).

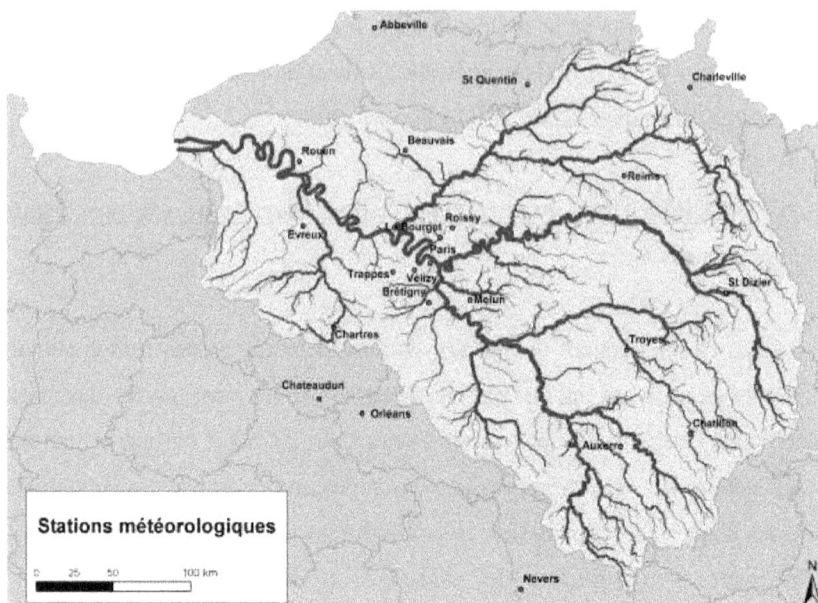

Figure 56 : Carte des stations météorologiques utilisables dans le bassin de la Seine

La périodicité annuelle des variations de température se dessine sans ambiguïté sur la Figure 57, où l'on constate également que les données recueillies à 10 cm de profondeur sont moins lisses que celles à 20 cm, elles-mêmes moins lisses que celles à 50 cm, elles encore moins lisses que celles à 100 cm. Bien que le caractère sinusoïdal des quatre courbes soit conservé (Figure 58), les événements transitoires sont plus marqués en surface qu'en profondeur (Figure 59).

Même les données profondes recueillies à 50 et 100 cm de profondeur, présentent en plus des variations annuelles de température, des épisodes transitoires lents, d'une durée de quelques jours à quelques semaines, correspondant à des périodes pendant lesquelles le temps a été anormalement chaud ou froid. Ces épisodes transitoires ne sont pas de nature périodique et peuvent être considérés comme aléatoires. Lorsqu'ils surviennent, les enregistrements de température s'écartent des modèles mathématiques sinusoïdaux calés sur l'ensemble des données.

Pour les données peu profondes, fournies par les capteurs placés à 10 et 20 cm de profondeur, les perturbations liées aux variations diurnes de la température atmosphérique et aux phénomènes transitoires cités ci-dessus deviennent de plus en plus importantes. Leur amplitude par rapport à la variation annuelle n'est parfois plus négligeable, bien que la variation annuelle de température soit elle-même d'amplitude plus importante qu'en profondeur. Les capteurs situés à 10 et 20 cm de profondeur sont donc sensibles aux variations diurnes de la température, mais, du fait de la précision des capteurs limitée à 0,1 K (souvent trop importante par rapport aux amplitudes des variations diurnes, comme par exemple en période hivernale pour le capteur à 20 cm de profondeur) et de l'échantillonnage souvent limité à une valeur par jour (condition insuffisante pour décrire le signal diurne) ils ne peuvent pas être utilisés pour l'étude des variations diurnes. Ils ne sont pas *a priori* exploitables pour des calculs portant sur les variations de période annuelle du fait du risque d'aliasing. Le capteur à 10 cm est généralement le moins fiable de tous, car sujet à de fréquents décrochages liés à divers ennuis techniques (incluant l'appétit des rongeurs). Dans la majorité des cas, les données à 10 cm sont écartées.

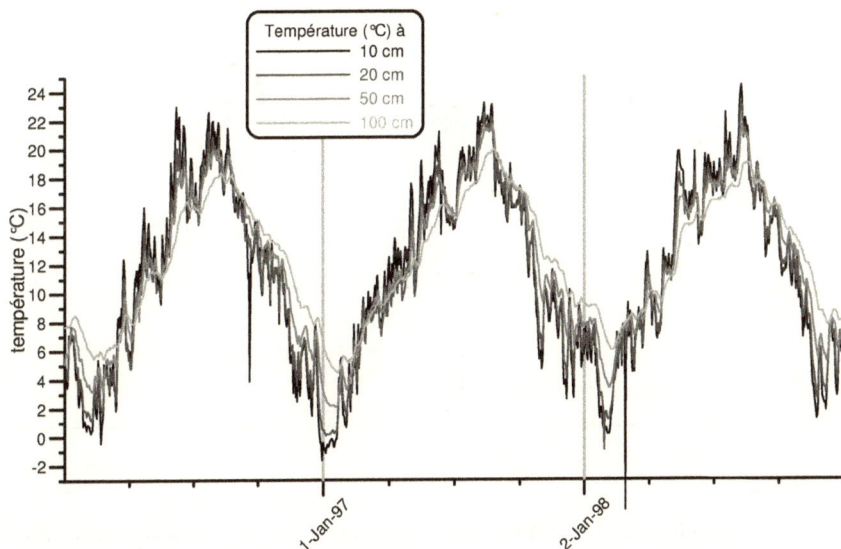

Figure 57 : Données de température entre le 1er janvier 1996 et le 31 décembre 1998 à la station de Vélizy

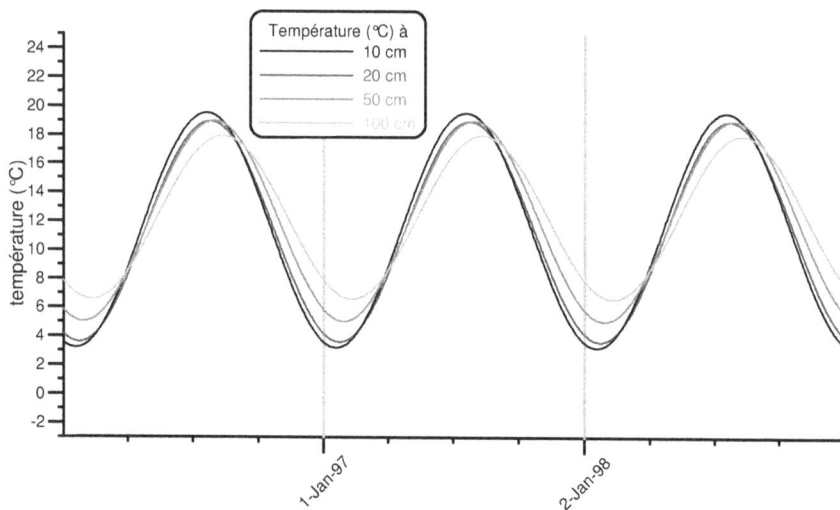

Figure 58 : Sinusoïdes calées sur les données de température entre le 1er janvier 1996 et le 31 décembre 1998 à la station de Vélizy

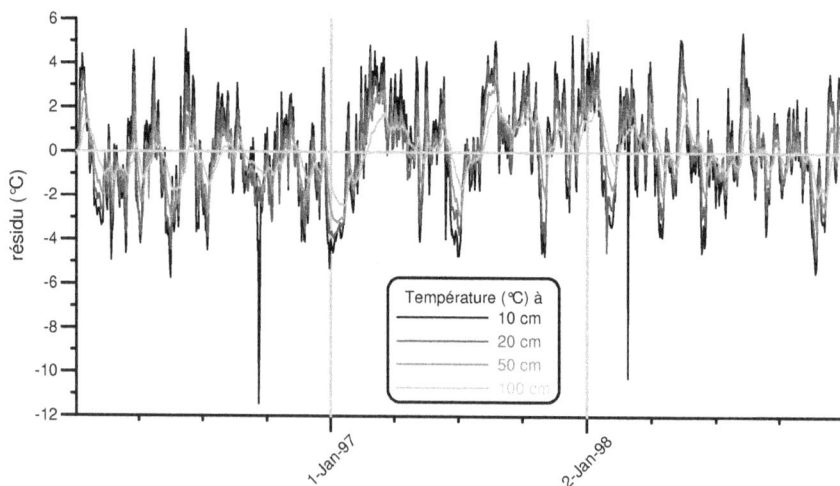

Figure 59 : Résidu entre les données de température et les sinusoïdes calées entre le 1er janvier 1996 et le 31 décembre 1998 à la station de Vélizy

Aux profondeurs considérées de la zone non saturée, les phénomènes thermiques résultent des variations atmosphériques, dont elles reproduisent les oscillations saisonnières et journalières, modulées par l'influence de facteurs météorologiques non périodiques. Par exemple, les vagues de froid ou de chaleur particulières translatent l'ensemble des valeurs suivant l'axe des températures et les périodes de ciel dégagé augmentent l'amplitude des variations diurnes. Mais, le signal comporte toujours des termes sinusoïdaux, quelle que soit la période d'étude retenue, dont l'atténuation et le déphasage par rapport aux conditions de surface augmentent avec la profondeur.

IV.F.3) Equation de la chaleur dans le sol en régime sinusoïdal

Nous allons nous intéresser aux cas où les températures ont un comportement sinusoïdal, c'est-à-dire le comportement « moyen ». Nous n'allons pas traiter les épisodes de temps anormalement chaud ou froid, de durée aléatoire et sans période apparente, pendant lesquels les températures s'écartent des sinusoïdes annuelles.

Dans le cas d'un régime variable dans le temps t (s) et avec la seule conduction comme mode de transfert thermique, l'équation de la chaleur s'écrit :

$$\Gamma \frac{\partial^2 T}{\partial z^2} - \frac{\partial T}{\partial t} = 0$$

Le coefficient Γ (m^2 s^{-1}) est la diffusivité thermique du sol (qui caractérise la facilité avec laquelle la chaleur est diffusée dans le corps, c'est-à-dire la facilité à laquelle la température peut changer à l'intérieur d'un corps), et qui se définit par $\Gamma = k/C$ où k (en W K^{-1} m^{-1}) désigne la conductivité thermique du sol (qui traduit la capacité d'un sol à transmettre de la chaleur d'un point à un autre), et C (en J K^{-1} m^{-3}) la capacité calorifique volumique du sol (qui traduit la capacité d'un sol à conserver la chaleur).

En considérant que la température de forme sinusoïdale $(T = T_0 e^{i\omega t} = T_0 [\cos(\omega t) + i \sin(\omega t)])$ avec T_0 l'amplitude maximale en surface, ω la fréquence angulaire et i^2=-1) est appliquée à la frontière d'un milieu monodimensionnel (interface air/sol avec un sol uniforme), la solution de l'équation est :

$$T(z,t) = T_0 e^{-z\sqrt{\frac{\omega}{2\Gamma}}} e^{-iz\sqrt{\frac{\omega}{2\Gamma}}} e^{i\omega t}$$

où $e^{-z\sqrt{\frac{\omega}{2\Gamma}}}$ représente l'atténuation en amplitude, et $e^{-iz\sqrt{\frac{\omega}{2\Gamma}}}$ le déphasage

En régime non stationnaire et avec la convection comme seul mode de transfert thermique, l'équation de la chaleur s'écrit :

$$-uC_w\frac{\partial T}{\partial z} - C\frac{\partial T}{\partial t} = 0$$

Introduisons la vitesse d'advection de la chaleur υ (m s^{-1}) : $\upsilon = u\dfrac{C_w}{C}$, où u (m s^{-1}) est la vitesse de déplacement de l'eau, appelée vitesse de Darcy, et C_w (4,18 10^6 J K^{-1} m^{-3}) la capacité calorifique volumique de l'eau.

La solution de l'équation s'écrit alors :

$$T(z,t) = T_0 e^{-i\frac{\upsilon z}{\omega}} e^{i\omega t}$$

et il n'y a pas dans ce cas d'atténuation de l'amplitude avec la profondeur.

Lorsque la conduction et la convection thermique sont toutes les deux présentes, l'équation de la chaleur s'écrit :

$$\Gamma\frac{\partial^2 T}{\partial z^2} - \upsilon\frac{\partial T}{\partial t} - \frac{\partial T}{\partial t} = 0$$

Ses solutions complexes montrent une décroissance de l'amplitude des variations avec la profondeur, associée à une croissance du déphasage, termes tous deux contenus dans le coefficient γ(m^{-1}) :

$$\begin{cases} T(z,t) = T(0,\omega)e^{\gamma z} e^{i\omega t} \\ \gamma = \dfrac{\upsilon - \sqrt{\upsilon^2 + 4i\omega\Gamma}}{2\Gamma} \end{cases}$$

Que la période des variations sinusoïdales soit annuelle ou diurne, l'atténuation de l'amplitude et l'évolution du déphasage sont dépendantes des mouvements d'eau qui se produisent dans le sol.

Pour déterminer u à partir de l'évolution de l'amplitude et du déphasage avec la profondeur, il faut résoudre un problème inverse, dont la solution analytique n'existe que dans certains cas particuliers.

IV.F.4) Méthode de calcul pour un sol homogène

Cas particulier d'une vitesse de Darcy nulle

En l'absence de mouvement d'eau, c'est-à-dire dans le cas d'un transfert thermique purement conductif, $u=0$ (et donc $v=0$) et le terme γ se réduit à une expression plus simple :

$$\gamma = \sqrt{\frac{i\omega}{\Gamma}} = \left(\frac{\sqrt{2}}{2} + i\frac{\sqrt{2}}{2}\right)\sqrt{\frac{\omega}{\Gamma}}$$

Formons le rapport R entre deux températures aux profondeurs z_1 et z_2 :

$$R = \frac{T(z_1,\omega)}{T(z_2,\omega)} = e^{\gamma(z_1-z_2)} = e^{\frac{\sqrt{2}}{2}\sqrt{\frac{\omega}{\Gamma}}(z_1-z_2)} e^{i\frac{\sqrt{2}}{2}\sqrt{\frac{\omega}{\Gamma}}(z_1-z_2)}$$

Ce nombre R possède un module (ou amplitude) et un argument (ou phase) :

$$\begin{cases} |R| = \frac{|T(z_1,\omega)|}{|T(z_2,\omega)|} = e^{\frac{\sqrt{2}}{2}\sqrt{\frac{\omega}{\Gamma}}(z_1-z_2)} \\ \arg(R) = \arg(T(z_1,\omega)) - \arg(T(z_2,\omega)) = \frac{\sqrt{2}}{2}\sqrt{\frac{\omega}{\Gamma}}(z_1-z_2) \end{cases}$$

D'après le calcul d'amplitude :

$$\ln(|R|) = \frac{\sqrt{2}}{2}\sqrt{\frac{\omega}{\Gamma}}(z_1-z_2)$$

Il est alors possible de tirer de cette expression une valeur apparente de Γ, que l'on appellera diffusivité apparente $\Gamma_{a,0}$ puisqu'elle provient du calcul sur l'amplitude de R, avec l'hypothèse $u=0$:

$$\Gamma_{a,0} = \frac{\omega(z_1-z_2)^2}{2(\ln(|R|))^2}$$

En notant ΔT_1 et ΔT_2 (°C) les amplitudes des variations de température à la pulsation ω aux profondeurs z_1 et z_2, et R_{amp} le rapport de ces amplitudes, nous pouvons encore écrire :

$$\Gamma_{a,0} = \frac{\omega}{2}\frac{(z_1-z_2)^2}{\left(\ln\left(\frac{\Delta T_1}{\Delta T_2}\right)\right)^2} = \frac{\omega}{2}\frac{(z_1-z_2)^2}{\left(\ln(R_{amp})\right)^2}$$

De la même manière, lorsque l'on cherche à isoler le terme Γ à partir d'un calcul sur les phases, nous obtenons la diffusivité apparente $\Gamma_{\varphi,0}$:

$$\Gamma_{\varphi,0} = \frac{\omega}{2} \frac{\left(z_1 - z_2\right)^2}{\left(\arg\left(T\left(z_1,\omega\right)\right) - \arg\left(T\left(z_2,\omega\right)\right)\right)^2}$$

En notant φ_1 et φ_2 (rad) les phases nommées arguments dans l'expression ci-dessus, et D_{ph} (rad) la différence φ_1-φ_2 entre ces phases :

$$\Gamma_{\varphi,0} = \frac{\omega}{2} \frac{\left(z_1 - z_2\right)^2}{\left(\varphi_1 - \varphi_2\right)^2} = \frac{\omega}{2} \frac{\left(z_1 - z_2\right)^2}{D_{ph}^2}$$

Nous remarquons immédiatement que l'égalité $\Gamma_{\varphi,0} = \Gamma_{a,0}$ est réalisée si $\arg(R) = \pm\ln(|R|)$, ce qui est le cas ici : en l'absence de mouvement d'eau, les diffusivités apparentes « en amplitude » ($\Gamma_{a,0}$) et « en phase » ($\Gamma_{\varphi,0}$) sont égales.

Cas particulier d'une vitesse de Darcy non nulle

A contrario, lorsque $u\neq 0$, le mouvement d'eau affecte les amplitudes des variations de température aux différentes profondeurs, ainsi que leur déphasage.

Les effets de u sur l'amplitude et la phase des variations de température se traduisent par des modifications des diffusivités apparentes, notées Γ_a et Γ_φ dans le cas général $u\neq 0$.

Les constatations expérimentales effectuées (Tableau 5) indiquent toutefois que Γ_a est beaucoup plus sensible que Γ_φ à u, et que, d'autre part, Γ_φ se trouve très proche de la vraie valeur de diffusivité Γ (Tabbagh *et al.*, 1999).

	$u<0$	$u>0$
ΔT_1 et ΔT_2	diminuent	augmentent
$\Delta T_1/\Delta T_2$	augmente	diminue
Γ_a	diminue	augmente
Γ_φ	stable	stable

Tableau 5 : Effets qualitatifs de la vitesse de Darcy sur les variations de température d'amplitudes ΔT_1 et ΔT_1 aux profondeurs z_1 et z_2, et sur les diffusivités apparentes

Γ_ϕ reste stable tandis que Γ_a varie nettement avec u. Il suffit donc de calculer le rapport d'amplitude et la différence de phase des variations de T aux profondeurs z_1 et z_2, conduisant à Γ_a et Γ_ϕ, pour connaître u entre les profondeurs z_1 et z_2.

Conclusions

Le modèle de sol homogène nous permet de calculer deux valeurs approchées de la diffusivité : la première à partir des amplitudes des variations de température à différentes profondeurs, la seconde à partir de leur déphasage.

Ces deux diffusivités « apparentes » ont des caractéristiques très différentes, la valeur calculée d'après les amplitudes est très dépendante des mouvements d'eau, tandis que la valeur calculée d'après les phases en est quasiment indépendante. L'écart entre ces deux valeurs de diffusivité permet par un algorithme itératif rapide une détermination de la vitesse de Darcy.

IV.F.5) Méthode de calcul pour un sol non homogène

Les difficultés vont venir du fait que la structure du sol n'est pas homogène, et que la variation des propriétés thermiques avec les différentes couches du sol va affecter la variation en phase et en amplitude de la température avec la profondeur.

Pour avoir un calcul fiable du terme de Darcy, nous sommes en fait dans l'obligation de déterminer à la fois la vitesse de Darcy, et les propriétés thermiques du sol, ainsi que les épaisseurs des différentes couches, à partir des seuls relevés de température.

L'hypothèse où le sol peut être considéré comme homogène du point de vue de ses propriétés spatiales, structurelles et thermiques, n'est pas toujours réaliste. Nous avons constaté que de manière générale les vitesses calculées entre les différentes paires de profondeur n'étaient pas les mêmes. Les diffusivités apparentes varient selon le couple de profondeurs considéré, en phase aussi bien qu'en amplitude. Quand les diffusivités apparentes (dé)croissent avec la profondeur des couples, nous sommes vraisemblablement dans le cas où la conductivité thermique (dé)croit avec la profondeur et réciproquement.

Algorithme

Comme rien ne permettait au départ de faire d'hypothèses sur le nombre de couches, nous sommes partis du cas le plus général, à savoir N couches caractérisées chacune par un jeu de paramètres thermiques et géométriques. Pour chaque couche, les paramètres sont au nombre de trois : la conductivité thermique k_j, la capacité calorifique volumique C_j (la diffusivité thermique $\Gamma_j=k_j/C_j$ peut donc être déduite) et l'épaisseur e_j.

Supposons que la vitesse de Darcy est la même partout et que les paramètres thermiques (k_j,C_j) du modèle sont connus dans chaque couche. L'équation de la chaleur s'écrit alors pour chaque couche j :

$$\frac{k_j}{C_j}\frac{\partial^2 T_j}{\partial z^2} - u\frac{C_w}{C_j}\frac{\partial T_j}{\partial z} - i\omega T_j = 0$$

La solution en température complexe dans la couche j s'écrit en fonction de (k_j,C_j) :

$$T_j(z,\omega) = A_j\,e^{v_j z}\,e^{-\mu_j z} + B_j\,e^{v_j z}\,e^{\mu_j z}$$

$$\text{avec}\quad \begin{cases} v_j = \dfrac{uC_w}{2k_jC_j} \\[2ex] \mu_j = \dfrac{\sqrt{u^2C_w^2+4i\omega k_jC_j}}{2k_j} \end{cases}$$

Les solutions complexes obtenues doivent vérifier la continuité des températures et des flux normaux aux interfaces entre les couches. Pour un terrain à N couches, ceci conduit à l'écriture d'un système de Cramer comportant 2*N inconnues, dont la résolution fournit les coefficients (A_j,B_j). Une fois connus les couples (A_j,B_j), cette fois-ci sans faire appel au calage sur les valeurs de température enregistrées, les solutions réelles $T_j(\omega,z)$ sont entièrement déterminées. A partir de celles-ci, il est ensuite possible de calculer le rapport d'amplitude et le déphasage des variations de température entre les paires de capteurs, donc de parvenir aux valeurs de diffusivités apparentes $(\Gamma_a,\Gamma_\varphi)$, calcul mené comme si le sol était homogène. Par le calcul analytique ou bien par une résolution numérique, il est aisé alors de connaître la vitesse u associée à $(\Gamma_a, \Gamma_\varphi)$. Il reste à comparer la vitesse u obtenue en sortie du calcul à la vitesse donnée en entrée.

Cas d'une couche de recouvrement au-dessus des capteurs

Dans cette configuration, les trois points de mesure se trouvent dans la deuxième couche, recouverte d'une couche de propriétés différentes. C'est ce qui se produit lorsque l'épaisseur de la première couche est par exemple $e_1 = 15$ cm.

Prenons les valeurs numériques courantes $C_1 = C_2 = 1{,}2 \ 10^6$ J K^{-1} m^{-3} et $k_2 = 1{,}2$ W K^{-1} m^{-1}. La simulation se déroule de la manière suivante : nous imposons successivement des vitesses d'entrée $u_0 = -150$, 0 et 150 mm an^{-1}, et, nous faisons chaque fois varier la conductivité k_1 de 0,7 à 1,7 W K^{-1} m^{-1}.

Les résultats obtenus pour u et Γ montrent qu'une couche de recouvrement est sans effet : les valeurs d'entrée sont restituées avec une très bonne précision et le calcul de u défini à partir du modèle de terrain homogène s'applique parfaitement.

Cas d'une couche profonde en dessous des capteurs

En reprenant les valeurs $C_1 = C_2 = 1{,}2 \ 10^6$ J K^{-1} m^{-3} et $k_1 = 1{,}2$ W K^{-1} m^{-1}, avec cette fois $e_1 = 1{,}2$ m, notons dans le Tableau 6 les résultats obtenus pour deux valeurs différentes de k_2 :

u_0 (mm an^{-1})	k_2 (W K^{-1} m^{-1})	(0,2/0,5 m)			(0,5/1,0 m)		
		Γ_a*10^{-6} (m^2 s^{-1})	$\Gamma_\varphi*10^{-6}$ (m^2 s^{-1})	u (mm an^{-1})	Γ_a*10^{-6} (m^2 s^{-1})	$\Gamma_\varphi*10^{-6}$ (m^2 s^{-1})	u (mm an^{-1})
150		0,8551	0,5780	1512	0,9473	0,6907	1340
0	0,7	0,8153	0,5979	1333	0,9010	0,6905	1131
-150		0,7778	0,5980	1152	0,8574	0,6907	921
150		0,4558	0,5498	-713	0,4242	0,4862	-489
0	1,7	0,4402	0,5497	-844	0,4102	0,4861	-608
-150		0,4252	0,5498	-975	0,3966	0,4862	-728

Tableau 6 : Effet d'une couche profonde sur le calcul de la vitesse de Darcy

Quelle que soit la valeur de k_2, la diffusivité apparente Γ_φ varie peu avec la vitesse u_0 et reste proche de la valeur Γ calculée. En revanche, il semble possible d'utiliser les variations de Γ_a et Γ_φ avec la profondeur pour détecter l'inhomogénéité du terrain.

Seconde observation, les propriétés thermiques de la couche profonde ont beaucoup d'importance : $k_2 < k_1$ entraîne une valeur de u fortement positive dans la couche 1, tandis que $k_2 > k_1$ se traduit par une valeur très négative. Ces valeurs de vitesse, bien trop élevées en valeur absolue, sont évidemment erronées mais restent cependant cohérentes entre les profondeurs.

Lorsque l'on fixe la vitesse de départ à $u_0 = 150$ mm an^{-1} et non plus $u_0 = 0$, nous constatons deux choses : (i) les diffusivités apparentes Γ_φ ne sont pas modifiées par u, et fournissent donc une information sur les propriétés thermiques du terrain indépendante de la circulation d'eau, (ii) les écarts entre les vitesses u calculées sont assez proches des variations de vitesse en entrée.

Ces deux observations nous permettent de dire que la couche cachée inférieure joue un rôle important, ce qui est préoccupant. Dans la plupart des cas, aucune analyse des propriétés des sols n'a été faite. Il nous incombe alors de déterminer les propriétés de la couche profonde à partir des seuls relevés de température disponibles au-dessus d'elle.

Cas d'un changement de couche entre les capteurs

Lorsque l'interface entre la première et la deuxième couche se trouve à la profondeur $e_1 = 35$ cm, avec $k_1 = 1,2$ W K^{-1} m^{-1}, nous obtenons les résultats suivants (Tableau 7) :

		(0,2/0,5 m)			(0,5/1,0 m)		
u_0 (mm an^{-1})	k_2 (W K^{-1} m^{-1})	Γ_a*10^{-6} (m^2 s^{-1})	$\Gamma_\varphi*10^{-6}$ (m^2 s^{-1})	u (mm an^{-1})	Γ_a*10^{-6} (m^2 s^{-1})	$\Gamma_\varphi*10^{-6}$ (m^2 s^{-1})	u (mm an^{-1})
150		0,5540	0,5047	274	0,3412	0,3242	150
0	0,7	0,5167	0,5045	87	0,3241	0,3241	0
-150		0,4910	0,5047	-100	0,3080	0,3242	-150
150		0,5578	0,5527	35	0,8134	0,7871	150
0	1,7	0,5397	0,5526	-91	0,7870	0,7870	0
-150		0,5223	0,5527	-216	0,7617	0,7871	-150

Tableau 7 : Effet d'un changement de couche entre deux capteurs sur le calcul de la vitesse de Darcy

Comme le couple de profondeurs (0,5/1,0 m) se trouve en dessous de l'interface, la vitesse calculée en faisant l'hypothèse du sol homogène est exact : la dernière colonne est identique à la première.

Pour le couple (0,2/0,5 m) les vitesses sont plus positives quand la seconde couche est résistante et plus négatives quand la seconde couche est conductrice. A nouveau, Γ_φ est pratiquement indépendant de u.

Conclusions sur les conséquences d'une variation verticale des propriétés thermiques

Il y a quatre principaux enseignements à tirer des résultats obtenus de la simulation de différentes configurations du sol :

- Pour déterminer la vitesse de Darcy il est impératif de prendre en compte le profil de propriétés thermiques aux profondeurs où se trouvent les capteurs, mais également en dessous d'eux.

- Le déphasage est très peu affecté par l'infiltration et peut donc être utilisé pour déterminer ces propriétés thermiques.
- Si la valeur absolue de u calculée avec l'hypothèse du sol homogène peut être fausse de près d'un ordre de grandeur, ses variations restent proches des valeurs correctes et nous pouvons espérer les calculer après avoir déterminé les propriétés thermiques du sol, même de manière approximative.
- Les couches situées au-dessus des capteurs n'ont pas d'influence, le modèle du sol homogène n'est donc pas totalement obsolète si seule la couche supérieure a des propriétés différentes des autres.

IV.F.6) Résultats obtenus sur le bassin de la Seine

Les sondages électriques réalisés sur les stations météorologiques nous ont permis d'estimer les épaisseurs des couches du sol, paramètres indispensables au calcul de la recharge. Ainsi pour la station de Vélizy, le sous-sol présente une structure à trois couches (Figure 60).

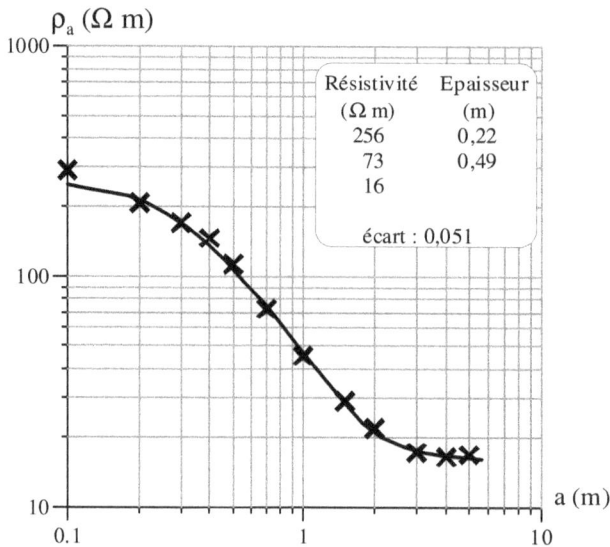

Figure 60 : Sondage électrique sur la station météorologique de Vélizy

Le Tableau 8 présente les données de la vitesse de Darcy, de la pluie, de l'évapotranspiration réelle ET_R et de la recharge.

	1996-1998	1999-2001
u_z en mm an^{-1}	-21,7	267,2
pluie en mm an^{-1}	634,4	912,1
ET_R en mm an^{-1}	-328,1	-322,4
recharge en mm an^{-1}	306,3	589,7

Tableau 8 : Recharge à Vélizy (θ=0,255, k_1=2,05, k_2=3 et k_3=1,85 W K^{-1} m^{-1}, C_1=C_2=C_3=2,27 10^6 J K^{-1} m^{-3}). L'évapotranspiration réelle ET_R et la recharge sont déduites de : u_z=recharge+ET_R et recharge=pluie+ET_R.

A terme, l'objectif est d'une part de déterminer l'évolution temporelle de la recharge station météo par station météo, et d'autre part de cartographier cette recharge sur l'ensemble du bassin versant de la Seine.

La Figure 61 représente les résultats des calculs par périodes de 3 ans, aux stations où les données sont d'une densité suffisante et où les calculs ont convergé. Des courbes d'isovaleurs, calculées par interpolation des résultats, permettent de visualiser l'évolution spatiale de la recharge pour deux cycles de 3 ans (les variogrammes des deux cartes montrant que l'effet de pépite n'est pas tel que cette représentation soit interdite).

Les fortes valeurs atteintes pour la période 1999-2001 confirment les épisodes d'inondation qui ont eu lieu dans le bassin de la Seine, et la relation entre la recharge et l'inondation. En effet, avec une incertitude sur les valeurs absolues de la recharge calculées pour les périodes 1996-1998 et 1999-2001, la différence entre les valeurs est, elle, bien déterminée et tout à fait significative.

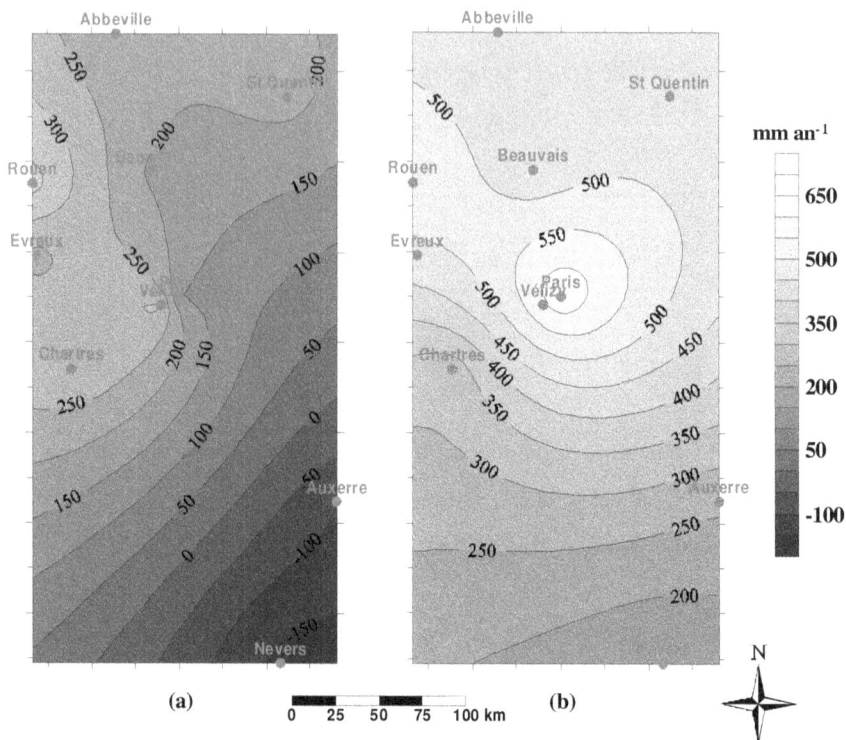

Figure 61 : Evolution de la recharge sur le bassin parisien (a) de 1996 à 1998, (b) de 1999 à 2001

IV.F.7) Synthèse

Nous avons exploité le fait que les phénomènes de conduction et de convection sont à l'origine de la répartition de la température dans le sol. La technique d'inversion permet ainsi de remonter à la vitesse d'infiltration (ou d'exfiltration). Il reste à valider les valeurs obtenues de recharge en les confrontant aux autres données disponibles dans une modélisation d'ensemble du fonctionnement des aquifères concernés.

V) Perspectives de recherche

V.A) Perspectives à moyen/long terme

Les mesures géophysiques doivent pouvoir être exprimées en terme d'informations hydrogéologiques, ce qui implique que les relations entre les propriétés physiques du sol et des roches et les paramètres hydrauliques soient mieux établies. Pour la RMP, cet objectif est proche et en bonne voie. Pour les autres techniques, l'association de mesures en laboratoire et de modélisations numériques est la démarche incontournable pour tout développement.

Pour les études « environnementales » si l'on peut espérer que le positionnement des prélèvements soit, à brève échéance, systématique. La description 3D complète des sites par la géophysique pour caractériser ceux-ci et pour prévoir leur devenir est une démarche qu'il faut continuer de promouvoir. Ceci pousse à une meilleure définition de la méthodologie mais sera grandement facilité par des progrès en instrumentation. Il faudra en particulier définir une instrumentation et un mode de mise en œuvre adapté à chaque type de polluant et de milieu encaissant. L'emploi de la géophysique en agriculture de précision (Dabas, 2004) est un excellent exemple de ce à quoi il faut arriver dans toutes les études de sites pollués.

Le suivi du mouvement de fluide est un autre domaine dans lequel la géophysique doit connaître de larges développements. Elle bénéficie de progrès continuel en matière de stockage et de transmission de données.

Mes activités à l'échelle des vingt prochaines années devraient être centrées sur ces trois axes.

V.B) Perspectives à court terme

Mes perspectives de recherche à court terme s'inscrivent dans la continuité des actions présentées (cf. *supra* II, III et IV), dans le cadre de projets de recherche de l'UMR n°7619 Sisyphe et de collaborations nationales et internationales.

V.B.1) Perspectives thématiques à court terme

Dans la partie thématique, les projets en cours et futurs portent principalement sur l'identification de la qualité de l'eau : sites pollués et intrusions salines, et sur les karsts qui constituent un réservoir important d'eau douce dans tout le pourtour méditerranéen.

Qualité de l'eau

La thèse de Stephen RAZAFINDRATSIMA que je co-encadre consiste à caractériser, en collaboration avec l'ADEME, le site pollué de Néry et Saintines où existe une pollution forte en solvants chlorés conducteurs, en vue d'une modélisation hydrogéologique du système. Une première campagne test de géophysique dans le but de délimiter le panache de polluants a été effectuée au printemps 2004, avec la réalisation de trois panneaux électriques. Après l'analyse des données, l'interprétation a permis l'identification des sables du Cuisien, de la nappe des alluvions sableuses avec plus ou moins d'eau polluée ainsi que la nappe de la tourbe. Nous prévoyons de densifier les mesures afin d'avoir une géométrie aussi fine que possible des structures en présence.

Un projet CEFIPRA (collaboration franco-indienne) coordonné par Moumtaz RAZACK (UMR n°6532 Hydrasa de l'Université de Poitiers) et H. CHANDRASEKHARAN (Indian Agricultural Research Institute) de caractérisation de pollutions dans les eaux souterraines au moyen de méthodes géophysiques comprend l'étude du site de Melle (département des Deux-Sèvres) où des mines d'argent ont été exploitées entre le VIème et le Xème siècle à partir de galène argentifère. Le plomb était également extrait et utilisé. La zone qui nous intéresse est karstique, actuellement en culture, et présente des très forts taux de pollution au plomb (ils atteignent, en plein champ, 11940 mg kg^{-1} de terre, alors que la norme limite européenne se situe à 100 mg kg^{-1}. L'intérêt majeur de travailler sur ce site est qu'il donne la possibilité d'accéder à une échelle de temps de plus de 1000 ans, et ainsi d'étudier la diffusion des polluants, en milieu karstifié sur une telle durée, ceci devant permettre d'établir des modèles d'évolution et de diffusion des polluants.

Avant de poursuivre l'étude géochimique proprement dite, la géophysique intervient pour cartographier dans ce karst les zones préférentielles d'écoulement et de concentration des éléments mobiles.

Les intrusions salines font l'objet de la thèse en co-tutelle franco-costaricienne de Mario ARIAS que je co-encadre. Les aquifères côtiers dans la région pacifique du Costa Rica sont les aquifères qui ont le plus besoin d'une gestion appropriée, en raison de leur proximité et de leur accessibilité qui les rend vulnérables sur le plan de la qualité de leur eaux, et en raison de leur exploitation parfois très intense qui peut aller jusqu'à une surexploitation des eaux souterraines. Ainsi, l'augmentation de la salinité a été mise en évidence et expliquée par une pénétration d'eau de mer dans certains aquifères. L'objectif de ce travail est l'utilisation de la prospection géophysique comme outil pour la délimitation et la caractérisation de l'intrusion saline dans trois aquifères côtiers au Costa Rica (Tamarindo, Sámara et Jacó). La méthodologie employée consiste en une caractérisation géophysique des lentilles d'eau salée, par sondages et traînés électriques et électromagnétiques fréquentiels et temporels. Dans ce cadre, les interprétations jointes (cf. *supra* IV.C.2) seront généralisées.

Karst

Le projet du PNRH 2004 « WATERSCAN » coordonné par Pascal SAILHAC de l'Institut de Physique du Globe de Strasbourg et qui prend notamment la suite du projet PNRH 2003 « HYKAR » que je coordonnais est destiné à développer une méthodologie géophysique « non destructive » basée sur la RMP et appliquée au contexte karstique pour optimiser l'implantation des forages sur les drains noyés dans une optique de gestion de la ressource en eau, et la protection des secteurs « vulnérables » (circulations rapides entre la surface et l'exutoire et absence de filtration des eaux dans les conduits karstiques). La mise en œuvre à partir de la surface du sol des mesures RMP a pour objectif de localiser dans l'espace et en profondeur les conduits karstiques ennoyés par la mise en évidence de structures dans lesquelles les caractéristiques RMP (teneur en eau et surtout temps de relaxation) sont particulièrement élevées par rapport à l'encaissant carbonaté non karstifié.

L'interprétation en 2D (selon un modèle développé dans le cadre de ce projet) doit conduire à une meilleure définition de la géométrie que cela n'est possible avec les modèles 1D habituellement utilisés. La comparaison des résultats avec la connaissance du milieu (topographie souterraine du réseau karstique) doit permettre de valider la méthodologie. Des mesures RMP effectuées sur le site de Pou Meyssen par le BRGM (équipe de Jean-Michel BALTASSAT) ont montré des résultats préliminaires satisfaisants.

Dans les régions arides et semi-arides du bassin méditerranéen, les zones côtières souffrent d'une forte pression (activités agricoles intensives et/ou lieux de tourisme) sur l'eau disponible d'où l'accroissement de sa rareté. La perte d'eau du sous-sol par le biais des sources karstiques sous-marines joue un rôle essentiel car potentiellement ce sont des ressources d'eau potable. Le système des chenaux, fractures et conduits qui amènent l'eau vers la mer, sont aussi des lieux préférentiels pour les intrusions salines, et la formation d'eau saumâtre selon des différences de pression entre l'aval et l'amont du système. Pour la thèse de Konstantinos CHALIKAKIS, nous allons étudier une grande source karstique sous-marine de la côte est du Péloponnèse : Agios Andreas. Cette source située à 20 km au sud de Paralion Astros, a un débit estimé à 5-10 $m^3 s^{-1}$ et assez variable pendant l'année. Elle émerge dans la mer par le calcaire de Tripolis plus karstifié mais moins fracturé que le calcaire d'Olonos-Pindos qui affleure également à proximité. L'institut de la recherche géologique et minière de la Grèce (IGME) est intéressé par l'exploitation de ces eaux de source qui émergent dans la mer, car ils peuvent approvisionner les îles de la mer d'Égée qui durant la période estivale souffrent du manque d'eau. Les objectifs de ce travail sont : (i) de confirmer et de démontrer l'intérêt et l'importance des informations géologiques et hydrogéologiques extraites de la géophysique pour la connaissance de la structure des formations fracturées et karstifiées, (ii) de positionner le mieux possible les conduits karstiques préférentiels qui acheminent l'eau vers la mer afin de localiser les zones les plus favorables à l'implantation de forages pour capter ces eaux, (iii) d'établir une nouvelle approche méthodologique à la recherche, la reconnaissance et la protection des aquifères et des formations dans des milieux karstiques. Les techniques qui vont être mises en œuvre sont le TDEM, la mise à la masse (Parasnis, 1967), la polarisation spontanée et l'électromagnétisme VLF (en collaboration avec l'Institut de Géophysique de l'Université de Münster et en particulier Frank BOSCH et Marcus GURK), et la RMP (en collaboration l'équipe BRGM de Jean-Michel BALTASSAT). Par ailleurs, un projet européen mené par l'Université de Münster (Allemagne) auquel l'UMR n°7619 Sisyphe est associé par mon intermédiaire avec onze autres partenaires de sept pays européens, prévoit de caractériser de tels systèmes de sources sous-marines sur des sites grecs, chypriotes et maltais. Des techniques complémentaires seront mises en œuvre : (i) analyse d'images satellites et aéroportées pour estimer la distribution spatiale et temporelle de ces sources, (ii) reconnaissance hydrogéologique des sites permettant de connaître notamment les variations piézométriques, (iii) géophysique au sol afin de définir la géométrie de ces aquifères en cartographiant autant que possible la structure avec des méthodes électriques, électromagnétiques et RMP, (iv) géochimie pour connaître la composition de l'eau et des particules dans ces systèmes, (v) modélisation hydrologique pour évaluer la potentialité des aquifères et proposer une stratégie d'utilisation de la ressource déterminée, (vi) évaluation de l'impact écologique. La partie géophysique sera menée conjointement par notre équipe et par l'Institut de Géophysique de l'Université de Münster (avec Frank BOSCH et Marcus GURK).

V.B.2) *Perspectives méthodologiques à court terme*
Dans la partie méthodologique, mes activités vont comprendre de l'appareillage (électrostatique, et VLF-résistivité), du code de calcul (inversion RMP-électrique-électromagnétique, et analyse fine des tomographies électriques) et du calibrage mesures électriques-humidité.

Capteur électrostatique

Le développement des capteurs électrostatiques va continuer pour s'adapter à d'autres défis : (i) étude d'infiltration sur des digues dans le cadre d'un projet CRITERRE avec EDF, (ii) étude de la couverture du pergélisol sur l'île de Devon en collaboration avec les agences spatiales européenne (ESA) et étasunienne (NASA) en vue de l'évaluation des technologies disponibles pour prospecter le contenu en eau de la surface de Mars.

<u>Capteur VLF à double induction</u>

Pour cartographier rapidement les variations de résistivité électrique du sous-sol, deux techniques électromagnétiques s'affrontent : slingram et VLF-résistivité. Le slingram a l'avantage de ne pas nécessiter de contact avec le sol, mais sa profondeur d'investigation et la résolution sont directement liés à l'écartement émetteur-récepteur et par conséquent à la taille du dispositif (l'EM31 peut être utilisé par une personne seule, l'EM34 nécessite deux opérateurs...). Le VLF-résistivité permet pour un encombrement habituellement moyen (5 à 10 m), une profondeur d'investigation dépendante de la résistivité du milieu mais en général toujours supérieure à celle du slingram, avec une sensibilité forte aux hétérogénéités superficielles en raison notamment de la difficulté de la mesure de la composante électrique horizontale. Nous projetons de réaliser une mesure de cette composante grâce à un système à double induction. De la même manière qu'il est communément accepté que la mesure d'une composante magnétique se fasse par la mesure d'un courant électrique dans une bobine dont l'axe est suivant la composante magnétique, nous proposons de mesurer la composante électrique horizontale dans l'air avec un tore dont l'axe serait suivant la composante électrique ($1^{\text{ère}}$ induction), l'induction dans le tore étant ensuite mesurée par une bobine située autour du tore ($2^{\text{ème}}$ induction).

<u>Inversion électrique/électromagnétisme et RMP</u>

Dans le cadre du projet du PNRH 2004 « WATERSCAN » il est prévu de valider le code de modélisation/inversion RMP en 2D (puis 3D) par le calcul de la réponse RMP d'une galerie karstique, et de prendre en compte conjointement de données électriques et/ou électromagnétiques. L'interprétation en 2D doit conduire à une meilleure définition de la géométrie que cela n'est possible avec les modèles 1D habituellement utilisés.

<u>Profondeur d'interprétation en panneau électrique</u>

Les panneaux électriques sont de plus en plus employés en raison de l'ergonomie et de la rapidité croissante des appareils disponibles. Mais, beaucoup d'utilisateurs prennent les images issues des interprétations (données par des logiciels usuels comme Res2dinv de Loke et Barker, 1996) sans se préoccuper des problèmes d'équivalences et de la profondeur d'investigation bien connus, traités et pris en compte en sondage électrique. Une première approche consiste à intégrer dans les coupes de résistivité électrique interprétée, l'information sensibilité par le biais d'une saturation plus ou moins grande des couleurs de chaque bloc de résistivité. Cette sensibilité (Loke et Barker, 1995) traduit dans quelle mesure un changement de résistivité dans une région du sous-sol influencera la mesure de la différence de potentiel en surface. Plus la valeur de la fonction de sensibilité est élevée, plus son influence sera grande. Ainsi la coupe de résistivité interprétée de la Figure 4 sur le site pollué de Mortagne-du-Nord peut être mieux évaluée en l'associant avec la section de sensibilité (Figure 62a) ; on obtient la section de la Figure 62b. Nous devons noter que les blocs du bas ont une forte sensibilité liée aux conditions aux limites, mais aussi que sous les couches conductrices la définition des blocs est très peu contrainte et que donc l'interprétation est à prendre avec précaution.

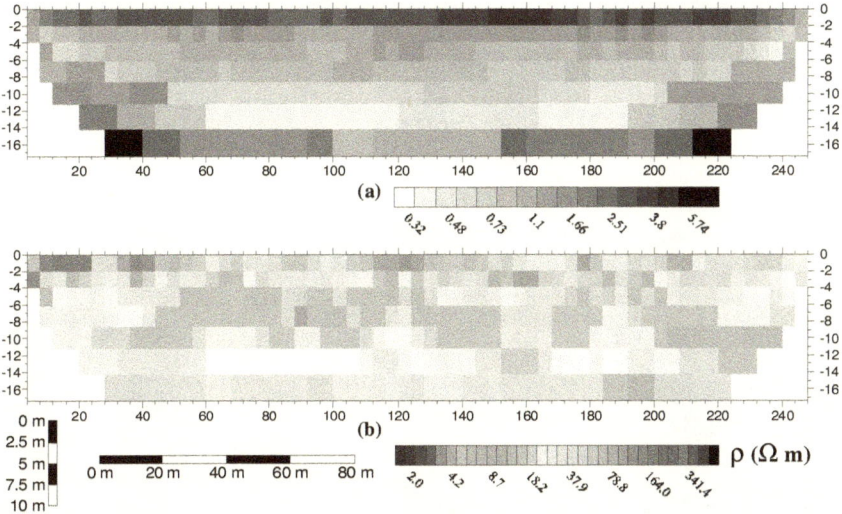

Figure 62 : Coupe LA de (a) sensibilité et (b) de résistivité électrique interprétée dont la saturation est modulée suivant la sensibilité (positionnée sur la Figure 3) sur le site de Mortagne-du-Nord.

Humidité de déchets

Les travaux de thèse de Solenne GRELLIER (cf. *supra* III.A.2) prévoient de transformer les données de résistivité obtenues sur les massifs de déchets, en données d'humidité dans ces mêmes massifs. A cette fin, des expériences en laboratoire ont évalué la variation de la résistivité du lixiviat avec la température à l'intérieur d'une cellule contenant 250 mL (du laboratoire de l'UR Geovast coordonnée par Henri ROBAIN). Nous avons observé une forte influence de la température sur les valeurs de conductivité des échantillons : selon les échantillons la conductivité change de 1,7% à 2,32% par degré Celsius. Une autre expérience correspond à l'étude d'un déchet sec peu à peu saturé puis désaturé à l'intérieur d'une cuve de 1 m^3 (de l'équipe DEAN du CEMAGREF Antony coordonnée par Christian DUQUENNOI) où 16 électrodes ont été installées symétriquement sur chaque face pour former des rangées de 4 électrodes (grand quadripôle) et lorsque cela était possible (en dehors des hublots) deux électrodes ont été placées au centre des grands quadripôles pour former des petits quadripôles. Ces travaux sont du même type que ceux de Chambers *et al.* (2004) qui ont utilisé la tomographie électrique sur une colonne en laboratoire pour suivre le déplacement de DNAPL ('dense non-aqueous phase liquid') dans un milieu poreux.

VI) Bibliographie

Albouy Y., Andrieux P., Rakotondrasoa G., Ritz M., Descloitres M., Join J.L., Rasolomanana E., 2001. Mapping coastal aquifers by joint inversion of DC and TEM soundings-Three case histories. *Groundwater*, 39 (1), 87-97.

Al-Fares W., Bakalowicz M., Guérin R., Dukhan M., 2002. Analysis of the karst aquifer by means of a ground penetrating radar (GPR) - example of the Lamalou area (Hérault, France). *Journal of Applied Geophysics*, 51 (2-4), 97-106

Al Hagrey S.A., Meissner R., Werban U., Rabbel W., Ismaeil A., 2004. Hydro-, bio-geophysics. *The Leading Edge*, 23 (7), 670-674.

Archie G.E., 1942. The electrical resistivity log as an aid in determining some reservoir characteristics. *Transactions American Institute of Mining Metallurgical and Petroleum Engineers*, 146, 54-67.

Auken E., Nebel L., Sørensen K., Breiner M., Pellerin L., Christensen N.B., 2002. EMMA – a geophysical training and education tool for electromagnetic modelling and analysis. *Journal of Environmental and Engineering Geophysics*, 7 (2), 57-68.

Bakalowicz M., 1995. La zone d'infiltration des aquifères karstiques. Méthodes d'étude. Structure et fonctionnement. *Hydrogéologie*, 4, 3-21.

Baranov V., Naudy H., 1964. Numerical calculation of the formula of reduction to the magnetic pole. *Geophysics*, 29 (1), 67-79.

Benderitter Y., Jolivet A., Mounir A., Tabbagh A., 1994. Application of the electrostatic quadripole to sounding in the hectometric depth range. *Journal of Applied Geophysics*, 31 (1-4), 1-6.

Benderitter Y., Roy B., Tabbagh A., 1993. Flow characterization through heat transfer in a carbonate fractured medium: first approach. *Water Resources Research*, 29 (11), 3741-3747.

Benderitter Y., Schott J.J., 1999. Short time variation of the resistivity in an unsaturated soil: the relationship with rainfall. *European Journal of Environmental and Engineering Geophysics*, 4 (1), 37-49.

Bendjoudi H., Weng P., Guérin R., Pastre J.F., 2002. Riparian wetlands of the middle reach of the Seine River (France): historical development, investigation and present hydrologic functioning, a case study. *Journal of Hydrology*, 263, 131-155.

Bentley L.R., Gharibi M., 2004. Two- and three-dimensional electrical resistivity imaging at a heterogeneous remediation site. *Geophysics*, 69 (3), 674-680.

Berdichevsky M.N., Dmitriev V.I., 1976. Basic principles of interpretation of magnetotelluric curves. In: *Geoelectric and geothermal studies*, Adam (Ed.), Ajad. Kaido, Budapest, KAPG Geophys. Monogr., 165-221.

Beres M., Luetscher M., Olivier R., 2001. Integration of ground penetrating radar and microgravimetric methods to map shallow caves. *Journal of Applied Geophysics*, 46 (4), 249-262.

Bernstone C., Dahlin T., 1997. DC resistivity mapping of old landfills: two case studies. *European Journal of Environmental and Engineering Geophysics*, 2 (2), 121-136.

Bernstone C., Dahlin T., Ohlsson T., Hogland W., 2000. DC-resistivity mapping of internal landfill structures: two pre-excavation surveys. *Environmental Geology*, 39 (3-4), 360-371.

Berthold S., Bentley L.R., Hayashi M., 2004. Integrated hydrogeological and geophysical study of depression-focused groundwater recharge in the Canadian prairies. *Water Resources Research*, 40 (6), W06505, doi:10.1029/2003WR002982.

Bibby H.M., 1986. Analysis of multiple-source bipole-quadripole resistivity surveys using the apparent resistivity tensor. *Geophysics*, 51 (4), 972-983.

Bosch F.P., Müller I., 2001. Continuous gradient VLF measurements: a new possibility for high resolution mapping of karst structures. *First Break*, 19 (6), 343-350.

Buselli G., Lu K., 2001. Groundwater contamination monitoring with multichannel electrical and electromagnetic methods. *Journal of Applied Geophysics*, 48 (1), 11–23.

Campbell R.B., Bower C.A., Richards L.A., 1948. Change of electrical conductivity with temperature and the relation of osmotic pressure to electrical conductivity and ion concentration for soil extracts. *Soil Science Society of America Proceedings*, 13, 66-69.

Cardarelli E., Bernabini M., 1997. Two case studies of the determination of parameters of urban waste dumps. *Journal of Applied Geophysics*, 36 (4), 167-174.

Carpenter P.J., Kaufmann R.S., Price B., 1990. Use of resistivity soundings to determine landfill structure. *Groundwater*, 28 (4), 569-575.

Carpenter P.J., Calkin S.F., Kaufmann R.S., 1991. Assessing a fractured landfill cover using electrical resistivity and seismic refraction techniques. *Geophysics*, 56 (11), 1896-1904.

Chabert C., Couturaud A., 1983. Les annales des Pays Nivernais. *Camosnine*, Nevers, 38, 12-13.

Chambers J., Ogilvy R., Meldrum P., Nissen J., 1999. 3D resistivity imaging of buried oil- and tar-contaminated waste deposits. *European Journal of Environmental and Engineering Geophysics*, 4 (1), 3-14.

Chambers J.E., Ogilvy R.D., Kuras O., Cripps J.C., Meldrum P.I., 2002. 3D electrical imaging of known targets at a controlled environmental test site. *Environmental Geology*, 41 (6), 690-704.

Chambers J.E., Loke M.H., Ogilvy R.D., Meldrum P.I., 2004. Noninvasive monitoring of DNAPL migration through a saturated porous medium using electrical impedance tomography. *Journal of Contaminant Hydrology*, 68 (1-2), 1–22.

Chapellier D., 1987. *Diagraphies appliquées à l'hydrogéologie.* Lavoisier, Technique et Documentation, 165 pp.

Christensen N.B., Sørensen K.I., 1998. Surface and borehole electric and electromagnetic methods for hydrogeological investigations. *European Journal of Environmental and Engineering Geophysics*, 3 (1), 75-90.

Christiansen A.V., Christensen N.B., 2003. A quantitative appraisal of airborne and ground-based transient electromagnetic (TEM) measurements in Denmark. *Geophysics*, 68 (2), 523-534.

Cole K.S., Cole R.H., 1941. Dispersion and absorption in dielectrics. 1 - Alternating current. *Journal of Chemical Physics*, 9, 341-351.

Cosenza P., Guérin R., Tabbagh A., 2003. Relationship between thermal conductivity and water content of soils using numerical modelling. *European Journal of Soil Science*, 54, 581-587.

Coudrain-Ribstein A., Pratx B., Quintanilla J., Zuppi G.M., Cahuaya D., 1995. Salinidad del recurso hidrico subterraneo del Altiplano central. *Bulletin de l'Institut Français d'Études Andines*, 24 (3), 483-493.

Dabas M., 2004. A new system for high speed spatial mapping of soil – the ARP system. *10th European Meeting of Environmental and Engineering Geophysics*, Utrecht (Pays-Bas), 6-9 septembre, B017.

Dabas M., Jolivet A., Tabbagh A., 1992. Magnetic susceptibility and viscosity of soils in a weak time varying field. *Geophysical Journal International*, 108 (1), 101-109.

Dabas M., Tabbagh A., Tabbagh J., 1994. 3D inversion in sub-surface electrical surveying. I: Theory. *Geophysical Journal International*, 119, 975-990.

Dahlin T., 2001. The development of DC resistivity imaging techniques. *Computers & Geosciences*, 27 (9), 1019-1029.

Danielsen J.E., Auken E., Jørgensen F., Søndergaard V.H., Sørensen K.I., 2003. The application of the transient electromagnetic method in hydrogeophysical surveys. *Journal of Applied Geophysics*, 53 (4), 181-198.

Das U.C., Parasnis D.S., 1987. Resistivity and induced polarization responses of arbitrarily shaped 3-D bodies in a two-layered earth. *Geophysical Prospecting*, 35 (1), 98-109.

Descloitres M., Guérin R., Albouy Y., Tabbagh A., Ritz M., 2000. Improvement in TDEM sounding interpretation in presence of induced polarization. A case study in resistive rocks of the Fogo volcano, Cape Verde Islands. *Journal of Applied Geophysics*, 45 (1), 1-18.

Durand V., 1992. Structure d'un massif karstique- Relations entre déformation et facteurs hydro-météorologiques. Causse de l'Hortus, site des sources du Lamalou.(Hérault). *Thèse de doctorat de l'Université Montpellier II*, 207 p.

Fitterman D.V., Stewart M.T., 1986. Transient electromagnetic sounding for groundwater. *Geophysics*, 51 (4), 995-1005.

Frischknecht F.C., Labson V.F., Spies B.R., Anderson W.L., 1991. Profiling methods using small sources. In: *Electromagnetic methods in applied geophysics 2*: Applications, chapter 3, Nabighian M.N. (ed.), SEG Publ., 105-270.

Frohlich R.K., Urish D.W., 2002. The use of geoelectrics and test wells for the assessment of groundwater quality of a coastal industrial site. *Journal of Applied Geophysics*, 50 (3), 261-278.

Garman K.M., Purcell S.F., 2004. Applications for capacitively coupled resistivity surveys in Florida. *The Leading Edge*, 23 (7), 697-698.

Gautam P., Raj Pant S., Ando H., 2000. Mapping of subsurface karst structure with gamma ray and electrical resistivity profiles: a case study from Pokhara valley, central nepal. *Journal of Applied Geophysics*, 45 (2), 97-110.

Gauthier F., Tabbagh A., 1994. The use of airborne thermal remote sensing for soil mapping: a case study in the Limousin Region (France). *International Journal of Remote Sensing*, 15 (10), 1981-1989.

Goldman M., Hurwitz S., Gvirtzman H., Rabinovich B., Rotstein Y. 1996. Application of the marine time-domain electromagnetic method in lakes: the sea of Galilee, Israel. *European Journal of Environmental and Engineering Geophysics*, 1 (2), 125-138.

Granda Sanz A., Perez Tereñes A., Plata Torres J.L., 1987. Los sondeos electromagnéticos en el dominio de tiempos (SEDT). Aspectos más significativos y primeras experiencias en España. *Boletín Geológico y Minero*, XCVIII-III, 392-403.

Grard R., Tabbagh A., 1991. A mobile four electrode array and its application to the electrical survey of planetary ground at shallow depths. *Journal of Geophysical Research*, 96, 4117-4123.

Guéguen Y., Palciauskas V., 1997. *Introduction to the Physics of Rocks*. Princeton University Press, 392 p.

Guérin R., 1992. Du traitement spatial des données électromagnétiques dans un champ primaire quasi-uniforme. Application à la méthode magnétotellurique, à la MT-VLF et au courant continu. *Thèse de doctorat de l'Université Pierre et Marie Curie*, 239 p.

Guérin R., Bégassat P., Benderitter Y., David J., Tabbagh A., Thiry M., 2004a. Geophysical study of the industrial waste land in Mortagne-du-Nord (France) using electrical resistivity. *Near Surface Geophysics*, 2 (3), 137-143.

Guérin R., Benderitter Y., 1995. Shallow karst network exploration using MT-VLF and DC resistivity methods. *Geophysical Prospecting*, 43 (5), 635-653.

Guérin R., Descloitres M., Coudrain A., Talbi A., Gallaire R., 2001. Geophysical surveys for identifying saline groundwater in the semi-arid region of the central Altiplano, Bolivia. *Hydrological Processes*, 15 (17), 3287-3301.

Guérin R., Meheni Y., Rakotondrasoa G., Tabbagh A., 1996. Interpretation of Slingram conductivity mapping in near surface geophysics: using a simple parameter fitting with 1D model. *Geophysical Prospecting*, 44 (2), 233-249.

Guérin R., Munoz M.L., Aran C., Laperrelle C., Hidra M., Drouart E., Grellier S., 2004b. Leachate recirculation: moisture content assessment by means of a geophysical technique. *Waste Management*, 24 (8), 785-794.

Guérin R., Panissod C., Thiry M., Benderitter Y., Tabbagh A., Huet-Taillanter S., 2002. La friche industrielle de Mortagne-du-Nord (59) - III - Approche méthodologique d'étude géophysique non-destructive des sites pollués par des eaux fortement minéralisées. *Bulletin de la Société Géologique de France*, 173 (5), 471-477.

Guérin R., Tabbagh A., Andrieux P., 1994a. Field and/or resistivity mapping in MT-VLF and implications for data processing. *Geophysics*, 59 (11), 1695-1712.

Guérin R., Tabbagh A., Benderitter Y., Andrieux P., 1994b. Invariants for correcting field polarisation effect in MT-VLF resistivity mapping. *Journal of Applied Geophysics*, 32 (4), 375-383.

Habberjam G.M., Watkins G.E., 1967. The use of a square configuration in resistivity prospecting. *Geophysical Prospecting*, 15 (3), 445-467.

Hamran S.E., Aarholt E., Hagen J.O., Mo P., 1996. Estimation of relative water content in a sub-polar glacier using surface-penetration radar. *Journal of Glaciology*, 42 (142), 533-537.

Harrington R.F., 1961. *Time-harmonic electromagnetic fields*. McGraw-Hill, 480 p.

Hoffmann R., Dietrich P., 2004. An approach to determine equivalent solutions to the geoelectrical 2D inversion problem. *Journal of Applied Geophysics*, 56 (2), 79-91.

Hördt A., Greinwald S., Hoheisel A., Neubauer F.M., Schaumann G., Tezkan B., 2000. Joint 3D interpretation of radiomagnetotelluric (RMT) and transient electromagnetic (TEM) data from an industrial waste deposit in Mellendorf, Germany. *European Journal of Environmental and Engineering Geophysics*, 4, 151–170.

Hubbard S., Rubin Y., 2000. Hydrogeological parameter estimation using geophysical data: a review of selected techniques. *Journal of Contaminant Hydrology*, 45 (1-2), 3–34.

Hubbard S., Rubin Y., 2002. Hydrogeophysics: state of the discipline. *EOS*, 83 (51), 602-606.

Huisman J.A., Hubbard S.S., Redman J.D., Annan A.P., 2003. Measuring soil water content with Ground Penetrating Radar: a review. *Vadose Zone Journal*, 2 (4), 476-491.

Karlýk G., Ali Kaya M., 2001. Investigation of groundwater contamination using electric and electromagnetic methods at an open waste-disposal site: a case study from Isparta, Turkey. *Environmental Geology*, 40 (6), 725-731.

Kaspar M., Pecen J., 1975. Finding the caves in a karst formation by means of electromagnetic waves. *Geophysical Prospecting*, 23 (4), 611-621.

Kaufman A.A., Keller G.V., 1983. *Frequency and transient soundings*. Elsevier, Amsterdam, 685 p.

Keller G.V., 1988. Rock and mineral properties. In: *Electromagnetic methods in applied geophysics 1*: Theory, chapter 2, Nabighian M.N. (ed.), SEG Publ., 13-51.

Legchenko A., Baltassat J.M., Beauce A., Bernard J., 2002. Nuclear magnetic resonance as a geophysical tool for hydrogeologists. *Journal of Applied Geophysics*, 50 (1-2), 21– 46.

Leroux V., 2000. Utilisation d'électrodes capacitives pour la prospection électrique en forage. *Thèse de doctorat de l'Université de Rennes 1*, 151 pp.

Levato L., Veronese L., Lozej A., Tabacco E., 1999. Seismic image of the ice-bedrock contact at the Lobbia glacier, Adamello Massif, Italy. *Journal of Applied Geophysics*, 42 (1), 55-63.

Li Y., Oldenburg D.W., 1994. Inversion of 3-D DC resistivity data using an approximate inverse mapping. *Geophysical Journal International*, 116, 527-537.

Loke M.H., Barker R.D., 1995. Least-squares deconvolution of apparent resistivity pseudosections. *Geophysics*, 60 (6), 1682-1690.

Loke M.H., Barker R.D., 1996. Rapid least-square inversion of apparent resistivity pseudosections by a quasi-Newton method. *Geophysical Prospecting*, 44 (2), 131-152.

Maquaire O., Flageollet J.C., Malet J.P., Schmutz M., Weber D., Klotz S., Albouy Y., Descloitres M., Dietrich M., Guérin R., chott J.J., 2001. Une approche multidisciplinaire pour la connaissance d'un glissement-coulée dans les marnes noires du Callovien-Oxfordien (Super Sauze, Alpes-de-Haute-Provence, France). *Revue Française de Géotechnique*, 95/96, 15-31.

McMechan G.A., Loucks R.G., Zeng X., Mescher P., 1998. Ground penetrating radar imaging of a collapsed paleocave system in the Ellenburger dolomite, central Texas. *Journal of Applied Geophysics*, 39 (1), 1-10.

McNeill J.D., 1980a. Electrical conductivity of soil and rocks. *Technical Note TN-5*, Geonics Limited, 22 p.

McNeill J.D., 1980b. Electromagnetic terrain conductivity measurement at low induction numbers. *Technical Note TN-6*, Geonics Limited, 15 p.

McNeill J.D., 1994. Principles and application of time domain electromagnetic techniques for resistivity sounding. *Technical Note TN-27*, Geonics Limited, 15 p.

McNeill J.D., Labson V.F., 1991. Geological mapping using VLF radio fields. In: *Electromagnetic methods in applied geophysics 2*: Applications, chapter 7, Nabighian M.N. (ed.), SEG Publ., 521-640.

Nabighian M.N., Macnae J.C., 1991. Time domain electromagnetic prospecting methods. In: *Electromagnetic methods in applied geophysics 2*: Applications, chapter 6, Nabighian M.N. (ed.), SEG Publ., 427-520.

Meheni Y., Guérin R., Benderitter Y., Tabbagh A., 1996. Subsurface DC resistivity mapping: approximate 1-D interpretation. *Journal of Applied Geophysics*, 34 (4), 255-270.

Monge J.L., Sirou F., 1975. ARIES : un radiomètre multi-canal à balayage. *5ème journée d'optique spatiale*, Marseille.

Moorman B.J., Michel F.A., Glacial hydrological system characterization using ground-penetrating radar. *Hydrological Processes*, 14 (15), 2645-2667.

Naudet V., Revil A., Bottero J.Y., Bégassat P., 2003. Relationship between self-potential (SP) signals and redox conditions in contaminated groundwater. *Geophysical Research Letters*, 30 (21), 2091, doi:10.1029/2003GL018096.

Ogilvy R.D., Cuadra A., Jackson P.D., Monte J.L., 1991. Detection of an air-filled drainage gallery by VLF resistivity method. *Geophysical Prospecting*, 39 (6), 845-859.

Ogilvy R., Meldrum P., Chambers J., 1999. Imaging of industrial waste deposits and buried quarry geometry by 3-D resistivity tomography. *European Journal of Environmental and Engineering Geophysics*, 3 (2), 103–113.

Panissod C., Dabas M., Jolivet A., Tabbagh A., 1997. A novel mobile multipole system (MUCEP) for shallow (0-3m) geoelectrical investigation: the 'Vol-de-canards' array. *Geophysical Prospecting*, 45 (6), 983-1002.

Panissod C., Dabas M., Hesse A., Jolivet A., Tabbagh J., Tabbagh A., 1998. Recent developments in shallow depth electrical and electrostatic prospecting using mobile arrays. *Geophysics*, 63 (5), 1542-1550.

Parasnis D.S., 1967. Three-dimensional electric mise-a-la-masse survey of an irregular lead-zinc-copper deposit in central Sweden. *Geophysical Prospecting*, 15 (3), 407-473.

Park S.K., Van G.P., 1991. Inversion of pole-pole data for 3-D resistivity structure beneath arrays of electrodes. *Geophysics*, 56 (7), 951-960.

Pelton W.H., Ward S.H., Hallof P.G., Sill W.R., Nelson P.H., 1978. Mineral discrimination and removal of inductive coupling with multifrequency IP. *Geophysics*, 43 (3), 588-609.

Petrick W.R. Jr., Sill W.R., Ward S.H., 1981. Three-dimensional resistivity inversion using alpha-centers. *Geophysics*, 46 (8), 1148-1162.

Porsani J.L., Filho W.M., Elis V.R., Shimeles F., Dourado J.C., Moura H.P., 2004. The use of GPR and VES in delineating a contaminatrion plume in a landfill site: a case study in SE Brazil. *Journal of Applied Geophysics*, 55 (3-4), 199-209.

Purvance D.T., Andricevic R., 2000. Geoelectric characterization of the hydraulic conductivity field and its spatial structure at variable scales. *Water Resources Research*, 36 (10), 2915-2924.

Raiche A.P., Jupp D.L.B., Rutter H., Vozoff K., 1985. The use of coincident loop transient electromagnetic and Schlumberger sounding to resolve layered structures. *Geophysics*, 50 (10), 1618-1627.

Ramirez E., 1999. Influence de la variabilité climatique sur un glacier de la Cordillère Royale de Bolivie : le glacier de Chacaltaya (16°S). *Mémoire de DEA Hydrologie, Hydrogéologie, Géochimie et Géostatistique*, Université Pierre et Marie Curie, 49 p.

Ramirez E., Francou B., Ribstein P., Descloitres M., Guérin R., Mendoza J., Gallaire R., Pouyaud B., Jordan E., 2001. Small glaciers disappearing in the tropical Andes: a case study in Bolivia: Glaciar Chacaltaya (16°S). *Journal of Glaciology*, 47 (157), 187-194.

Reinhart D.R., Townsend T.G., 1998. *Landfill bioreactor design and operation*. Lewis Publishers, Boca Raton, NY, 189 p.

Rejiba F., Camerlynck C., Mechler P., 2003. FDTD-SUPML-ADE simulation for Ground-Penetrating Radar modelling. *Radio Science*, 38 (1), 10.1029/2001RS002595.

Ritz M., Robain H., Pervago E., Albouy Y., Camerlynck C., Descloitres M., Mariko A., 1999. Improvement to resistivity pseudosection modelling by removal of near-surface inhomogeneity effects: application to a soil system in south Cameroon. *Geophysical Prospecting*, 47 (2), 85-101.

Samouëlian A., Richard G., Cousin I., Guérin R., Bruand A., Tabbagh A., 2004. Three-dimensional crack monitoring by electrical resistivity measurement. *European Journal of Soil Science*, sous presse.

Sasaki Y., 1994. 3-D resistivity inversion using the finite-element method. *Geophysics*, 59 (12), 1839-1848.

Sauck W.A., 2000. A model for the resistivity structure of LNAPL plumes and their environs in sandy sediments. *Journal of Applied Geophysics*, 44 (2-3), 151–165.

Schmitt J.M., Huet-Taillanter S., Thiry M., 2002. La friche industrielle de Mortagne-du-Nord (59) - II – Altération oxydante des scories, hydrochimie, modélisation géochimique, essais de lixiviation et proposition de remédiation. *Bulletin de la Société Géologique de France*, 173 (4), 383-393.

Schmutz M., Albouy Y., Guérin R., Maquaire O., Vassal J., Schott J.J., Descloitres M., 2000. Joint inversion applied to the Super Sauze earthflow (France). *Surveys in Geophysics*, 21 (4), 371-390.

Scollar I., Tabbagh A., Hesse A., Herzog I., 1990. *Archaeological prospecting and remote sensing*. Topics in remote sensing 2, Cambridge university press, 674 p.

Spies B.R., Frischknecht F.C., 1991. Electromagnetic sounding. In: *Electromagnetic methods in applied geophysics 2*: Applications, chapter 5, Nabighian M.N. (ed.), SEG Publ., 285-425.

Stallman R., 1965. Steady one dimensional fluid flow in a semi-infinite porous medium with sinusoidal surface temperature. *Journal of Geophysical Research*, 70, 2821-2827.

Stoyer C.H., 1998. Vertical resolution and equivalence in EM soundings. *Symposium on the Application of Geophysics to Engineering and Environmental Problems (SAGEEP) Workshop*, Chicago (Illinois, US), 22-26 mars.

Stummer P., Maurer H., Horstmeyer H., Green A.G., 2002. Optimization of DC resistivity data acquisition: real-time experimental design and a new multielectrode system. *IEEE Transactions on Geoscience and Remote Sensing*, 40 (12), 2727-2735.

Šumanovac F., Weisser M., 2001. Evaluation of resistivity and seismic methods for hydrogeological mapping in karst terrains. *Journal of Applied Geophysics*, 47 (1), 13-28.

Suzuki S., 1960. Percolation measurements based on heat flow through soil with special reference to paddy fields. *Journal of Geophysical Research*, 65, 2883-2885.

Szalai S., Szarka L., Prácser E., Bosch F., Müller I., Turberg P., 2002. Geoelectric mapping of near-surface karstic fractures by using null arrays. *Geophysics*, 67 (6), 1769–1778.

Tabbagh A., 1985. The response of a three-dimensional magnetic and conductive body in shallow depth electromagnetic prospecting. *Geophysical Journal of the Royal Astronomical Society*, 81, 215-230.

Tabbagh, A., Bendjoudi H., Benderitter Y., 1999. Determination of recharge in unsaturated soils using temperature monitoring, *Water Resources Research*, 35 (8), 2439-2446.

Tabbagh A., Benderitter Y., Andrieux P., Decriaud J.P., Guérin R., 1991. VLF resistivity mapping and verticalization of the electric field. *Geophysical Prospecting*, 39 (8), 1083-1097.

Tabbagh A., Camerlynck C., Cosenza P., 2000. Numerical modelling for investigating the physical meaning of the relationship between relative dielectric permittivity and water content of soils. *Water Resources Research*, 36 (9), 2771-2776.

Tabbagh A., Panissod C., Guérin R., Cosenza P., 2002. Numerical modeling of the role of water and clay content in soils and rocks bulk electrical conductivity. *Journal of Geophysical Research Solid Earth*, 107 (B11), 2318, 10.1029/2000JB000025.

Tabbagh A., Trézéguet D., 1987. Determination of sensible heat flux in volcanic areas from ground temperature measurements along vertical profiles: the case study of Mount Etna. *Journal of Geophysical Research*, 92, 3635-3644.

Taniguchi M., 1993. Evaluation of vertical groundwater fluxes and thermal properties of aquifers based on transient temperature-depth profiles. *Water Resources Research*, 29 (7), 2021-2026.

Telford W.M., Geldart L.P., Sheriff R.E., 1990. *Applied geophysics*. Cambridge University Press, 2nd edition, 770 p.

Thiry M., Huet-Taillanter S., Schmitt J.M., 2002. La friche industrielle de Mortagne-du-Nord (59) - I - Prospection du site, composition des scories, hydrochimie, hydrologie et estimation des flux. *Bulletin de la Société Géologique de France*, 173 (4), 369-381.

Topp G.C., Davis J.L., Annan P., 1980. Electromagnetic determination of soil water content: measurement in coaxial transmission lines. *Water Resources Research*, 16 (3), 574-582.

Trigui M., Tabbagh A., 1990. Magnetic susceptibilities of oceanic basalts in alternative fields. *Journal of Geomagnetism and Geoelectricity*, 42 (5), 621-636.

Vickery A., Hobbs B.A., 2003. Resistivity imaging to determine clay cover and permeable units at an ex-industrial site. *Near Surface Geophysics*, 1 (1), 21–30.

Vogelsang D., 1987. Examples of electromagnetic prospecting for karst and fault systems. *Geophysical Prospecting*, 35 (5), 604-617.

Vouillamoz J.M., Legchenko A., Albouy Y., Bakalowicz M., Baltassat J.M., Al-Fares W., 2003. Localization of saturated karst aquifer with magnetic resonance sounding and resistivity imagery. *Journal of Ground Water*, 41 (5), 578-587.

Wahr J., Molenaar M., Bryan F., 1998. Time variability of the Earth's gravity field: hydrological and oceanic effects and their possible detection using GRACE. *Journal of Geophysical Research*, 103 (B12), 30205-30229.

Waxman M.H., Smits L.J.M., 1968. Electrical conductivities in oil-bearing shaly sand. *Society of Petroleum Engineers Journal*, 243, 107-122.

Weber J.R., Andrieux P., 1970. Radar soundings on the Penny Ice Cap, Baffin Island. *Journal of Glaciology*, 9 (55), 49-54.

Werkema D.D., Atekwana E.A., Endres A.L., Sauck W.A., Cassidy D.P., 2003. Investigating the geoelectrical response of hydrocarbon contamination undergoing biodegradation. *Geophysical Research Letters*, 30, 1647-1651.

Wyllie M.R.J., Gregory A.R., Gardner L.W., 1956. Elastic wave velocities in heterogeneous and porous media. *Geophysics*, 21 (1), 41-70.

Zhang J., Mackie R.L., Madden T., 1995. 3-D resistivity forward modeling and inversion using conjugate gradients. *Geophysics*, 60 (5), 1313-1325.

Zhdanov M.S., Keller G.V., 1994. *The geoelectrical methods in geophysical exploration*. Elsevier, Amsterdam, 873 p.